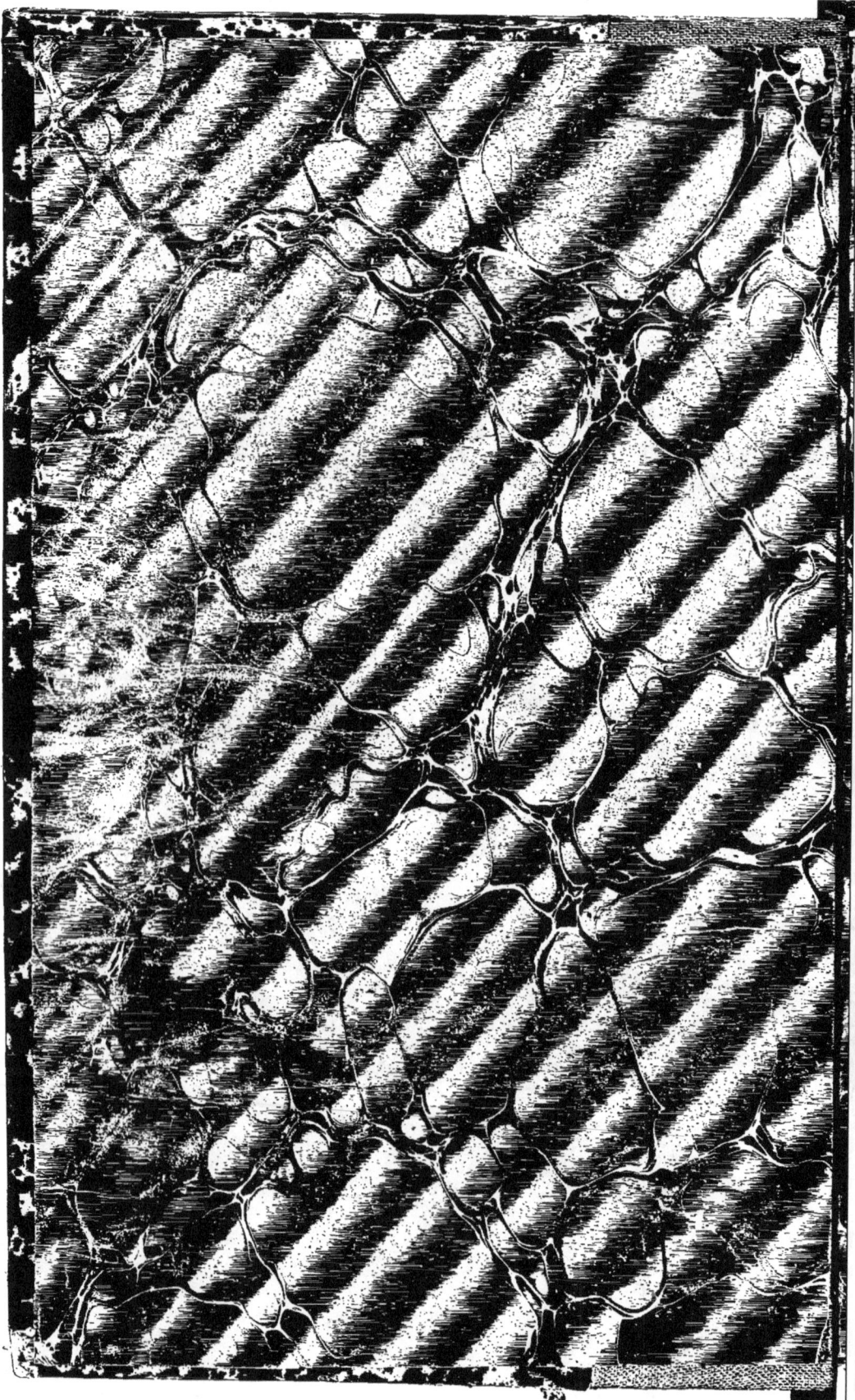

LA BIOLOGIE

ARISTOTÉLIQUE

LA BIOLOGIE

ARISTOTÉLIQUE

PAR

G. POUCHET

Professeur d'Anatomie comparée au Muséum d'histoire naturelle.

———◦◇◦———

PARIS

ANCIENNE LIBRAIRIE GERMER BAILLIÈRE ET Cie

FÉLIX ALCAN, ÉDITEUR

108, BOULEVARD SAINT-GERMAIN, 108

1885

Alger, 5 avril 1884, au chevet de mon frère JAMES POUCHET, ingénieur, mourant dans sa pleine connaissance, l'esprit affranchi de toute superstition,

Je dédie à sa chère mémoire ce travail, sujet de notre dernier entretien.

GEORGES POUCHET.

LA BIOLOGIE ARISTOTÉLIQUE

I

M. Barthélemy-Saint Hilaire a publié récemment une nouvelle traduction française de l'*Histoire des animaux* d'Aristote : il en existait
une datant de la fin du siècle dernier, par Camus, et remarquable à
beaucoup d'égards. Aucun ouvrage d'Aristote n'est plus connu en
dehors du monde philosophique que l'*Histoire des animaux* et ce
goût du public ne date pas d'aujourd'hui, à en juger par les emprunts
que font déjà les auteurs latins à ce livre célèbre. Les naturalistes
modernes, Buffon, Cuvier le louent avec une exagération presque
suspecte ; c'est à peine si on entend quelques voix discordantes dans
ce concert d'admiration.

Mais l'*Histoire des animaux* n'est qu'une faible partie de l'œuvre
biologique d'Aristote. Elle comprend deux autres traités presque aussi
volumineux : *Des parties des animaux* et *De la genèse des animaux*,
avec une foule d'ouvrages ou d'opuscules, *De l'âme*, *De la sensation
et des choses sensibles*, *De la respiration*, *Du mouvement commun
des animaux*, *De la jeunesse et de la vieillesse*, *De la longueur et de
la brièveté de la vie*, *Des rêves*. Les deux grands traités n'ont pas
encore été traduits en français, et peut-être doit-on regretter que
M. Barthélemy-Saint Hilaire n'ait pas tourné d'abord de ce côté le
zèle si touchant qu'il a voué au culte du philosophe grec [1]. L'occasion
en tout cas nous a paru favorable de tracer le tableau des connais-

---

1. M. Barthélemy-Saint Hilaire nous écrit à ce propos (6 oct. 1884) : « .... Puis-
« que vous voulez bien vous intéresser à mes travaux, je me permettrai de vous
« dire que je vais mettre sous presse le *Traité des Parties des animaux*, qui est
« tout prêt et qui formera deux volumes in-8° ; le *Traité de la Génération des ani-
« maux* paraîtra sans doute en 1886. J'aurai alors achevé l'*Histoire naturelle* d'Aris-
« tote, et, sauf les *Problèmes* et les *Fragments*, la traduction générale, commencée
« il y a 53 ans... »

sances biologiques telles qu'elles ressortent des œuvres attribuées
au chef de l'Ecole péripatéticienne. M. Barthélemy-Saint Hilaire,
dans sa préface, remarque très justement que le monde grec a été
le monde savant par excellence. Le savoir technique si précis que
comporte l'état de civilisation par lequel a passé la Grèce, aurait
pu exister sans doute indépendamment de toute culture scientifique
proprement dite : l'extrême-Orient nous en fournit la preuve.
Mais il faut tenir compte ici du génie grec et il faut admettre que
chez ce peuple extraordinaire le contact journalier, l'intime fami-
liarité avec les phénomènes naturels, que suppose tout travail
d'esprit ou même tout travail manuel délicat, ont dû de très bonne
heure éveiller en lui le goût des recherches spéculatives. Les civi-
lisations sont peut-être nées sur les bords du Nil ou des fleuves
de la Chine : les rives de ces mers heureuses, la mer d'Ionie et la
mer Egée ont été le berceau des sciences, rimées d'abord dans
les poèmes religieux, puis formulées par les philosophes. Le travail
ne s'est pas accompli en un jour et malheureusement presque tous
les stades de cette évolution nous sont inconnus.

Pour les sciences de la vie, Hippocrate et Aristote, presque con-
temporains (ils ont pu se connaître), semblent marquer en arrière
de nous l'époque précise où elles ont surgi du néant. Mais c'est
là une apparence. La conservation des œuvres de ces deux grands
hommes dénote assez quelle place importante ils ont tenue de tout
temps; ce serait toutefois une grave erreur de croire que la connaissance scientifique des êtres vivants ou des maladies date seulement de leurs travaux:

Quand ils parurent, depuis bien longtemps déjà il y avait des
médecins et depuis longtemps aussi des naturalistes, des *physiologues*, comme on les appelait, qui avaient écrit sur tous les sujets
imaginables se rapportant à la physiologie, à l'anatomie, à la zoologie, à la médecine, à l'art des accouchements, à la zootechnie.
Malheureusement leurs œuvres ont péri, ou nous n'en connaissons
que des débris tout à fait insuffisants pour reconstituer des systèmes
dont nous devinons seulement la grandeur. Dans ce naufrage à peu
près général de l'œuvre scientifique accomplie depuis la cinquan-
tième jusqu'à la centième olympiade, seules les œuvres d'Hippocrate
et d'Aristote ont survécu. Sans rien diminuer de leur mérite, il est
permis de supposer qu'ils eurent en cela un rare bonheur. Quelle
curieuse histoire ce serait, si les documents n'en étaient perdus à
tout jamais, que celle du développement intellectuel du monde grec
pendant cette longue période de plus de deux siècles dont Aristote
va recueillir l'héritage.

Déjà dans les poèmes orphiques, il était fait allusion à la formation des êtres et à la manière dont tous les organes apparaissent les uns après les autres dans leur relation mutuelle, comme les nœuds d'un filet : c'est Aristote lui-même qui cite ce passage (*Gen.*, II, 17). Si nous ne savons rien de positif des travaux de Thalès, il est certain d'autre part que l'Association pythagoricienne poussa très loin les mathématiques et l'astronomie. Elle a de plus institué des expériences dont nous admirons la délicatesse, et qui fixent — à un quatre-vingtième près — la longueur des cordes en rapport avec les intervalles musicaux du « diapason ». Pythagore ou ses disciples inaugurent ainsi, par une découverte éclatante, la physiologie des sens. Platon en subira l'influence. De même les aristotéliciens reconnaîtront sept saveurs aussi bien que sept couleurs (*Sens*, IV, 13) : le blanc (λευχός), l'écarlate (φοινίχεος), le violet (ἀλουργής), le vert (πράσινος), le bleu (χυάνεος), le brun (φαιός), le noir (μέλας) [1], et Newton ne prendra pas d'autre règle pour diviser son spectre solaire. Les pythagoriciens auraient, dit-on, fait jouer un rôle important à l'encéphale comme siège des sensations ou tout au moins du sens de la vue. Enfin, c'est à eux que remonterait l'usage courant du mot ψυχή, *psyché*, « âme », dans le sens où l'emploie Aristote [2].

Après Pythagore, les noms célèbres de Diogène d'Apollonie, d'Empédocle, d'Anaxagore marquent une étape nouvelle dans l'histoire des sciences de la vie. Mais leurs opinions, leurs doctrines ne sont connues que par des fragments épars.

Empédocle paraît avoir nettement formulé, le premier, dans ses vers, la composition de tout ce qui est au monde par quatre éléments, la Terre, le Feu, l'Eau et l'Air, doctrine à laquelle Aristote n'ajoutera rien et qu'il placera à la base de son système biologique. Empédocle professe sur l'apparition des êtres vivants, des idées très particulières : il les fait sortir de l'agencement spontané des quatre éléments [3]. Il croit que des têtes, des bras, des yeux, des fronts sont nés indépendamment, puis se sont réunis les uns aux autres dans des combinaisons plus ou moins favorables. De ces com-

---

1. Théophraste arrive de même à sept dénominations d'odeurs (*Des odeurs*, 1).
2. On prétend qu'Alcméon, disciple de Pythagore, croyait que les chèvres respirent par les oreilles. Même avec les idées fort peu avancées que l'on avait alors sur la respiration (voy. plus loin), il est impossible de ne pas croire qu'il y ait là évidemment fable ou erreur. On doit toujours, dans l'histoire des sciences, tenir compte des erreurs *légitimes* des anciens, mais ce n'est pas le cas pour celle dont nous parlons, au moins dans la forme qu'on lui donne.
3. Les passages conservés paraissent ne laisser aucune place au doute sur cette opinion.

binaisons, le plus grand nombre a péri [1] par manque d'harmonie. Mais à la longue (*Ame*, III, VI), les êtres qui peuplent actuellement la Terre ont été le résultat des combinaisons heureuses. Empédocle étend son système à la formation du fœtus et fait venir les parties qui le constituent, de chacun des deux parents, où elles étaient en quelque sorte partagées avant la fécondation (*Gen.* IV, 10).

Sur ce sujet, qui a beaucoup préoccupé les philosophes avant Aristote, Anaxagore est d'un autre sentiment : Il soutenait que la mère n'est qu'une sorte de vaisseau ou de réceptacle dans lequel se développe le germe et que celui-ci provient tout entier du mâle. Dès lors les sexes existent préformés dans les organes du père. Les mâles viennent du côté droit, les femelles du côté gauche ; dans le corps de la mère les mâles se placent de même du côté droit de la matrice, les femelles du côté gauche (*Gen.* IV, 2). Aristote n'aura pas de peine à démontrer la fausseté de ces vues par la distribution toujours irrégulière des sexes sur les fœtus des animaux pluripares dans la matrice. — Anaxagore, en proclamant la permanence de la matière, que rien ne naît ni ne périt (οὐδὲν γὰρ χρῆμα γίγνεται οὐδέ ἀπόλλυται), que tout devient, avait été conduit à cette constatation que la nourriture développe et fait croître toutes les parties de l'organisme, et que par conséquent toutes ces parties doivent être contenues dans l'aliment, mais sous une forme et avec des propriétés différentes (voy. *Gen.*, I, 44). Il est possible qu'Aristote lui doive tout au moins le fond des idées si nettes qu'il se fait d'une partie de la nutrition et qui sont comme le point de départ de toute sa physiologie [2].

A Diogène, Aristote emprunte une description fort détaillée de la distribution des veines du corps. On peut juger par elle de la place donnée aux connaissances anatomiques dans les œuvres perdues du philosophe d'Apollonie.

Parmi les physiologues précurseurs d'Aristote, Démocrite mérite une mention à part. Il précède immédiatement le Stagirite, qui le cite souvent pour le réfuter, et qui avait même écrit un ouvrage spécial sur ses doctrines. Malheureusement les œuvres de Démocrite ont péri et c'est sans doute un irréparable désastre pour l'histoire de

---

1. Voy. v. 292-241, Karsten, *Empedocles.*
2. Anaxagore n'avait pas écrit seulement sur la physique et l'astronomie ; il donne des tremblements de terre volcaniques (les seuls qu'on connût alors) une explication à laquelle nous n'avons rien changé, puisqu'il les attribue aux mouvements des gaz comprimés dans les cavités de la terre ; il paraît avoir eu la conception très nette de la matérialité de l'air. Il a écrit aussi sur la médecine ; Aristote (*Des parties*, IV, 2) lui reproche (à tort) d'admettre que la bile soit l'origine de maladies inflammatoires, quand — trop abondante — elle se répand dans le poumon, les veines et les côtés (τα πλευρά).

l'esprit humain. La biologie devait y tenir une place importante, si nous la mesurons aux fréquentes allusions qu'y font Aristote et Théophraste. Il paraît s'être beaucoup préoccupé, comme Anaxagore, de la nutrition et de la fixation des aliments dans l'organisme. Elle a lieu, selon lui, en vertu d'une sorte d'attraction du soi pour le soi, chaque organe s'appropriant dans l'aliment les atomes de même espèce que ceux dont il est lui-même composé. Il a aussi très vraisemblablement donné une théorie complète des sens et de la sensation (voy. Arist., *Sens*, IV, 15, et Théophraste). C'est en de tels sujets qu'il est surtout difficile de juger d'une doctrine par des citations détachées ou par des réfutations de détail, qui — d'ordinaire — défigurent l'idée combattue. Démocrite n'a pas non plus négligé l'embryogénie. Il pense que le temps de la gestation est destiné à permettre à l'embryon de mouler jusqu'à un certain point ses propres formes sur celles de la mère ; Aristote répliquera en alléguant l'exemple du poulet dans l'œuf. Il pense aussi (voy. *Gen.*, II, 64), que les parties extérieures du corps de l'embryon se constituent, se sculptent en quelque sorte avant les organes internes. — « Comme si, réplique Aristote, l'animal était fait de bois ou de pierre ! » Ce n'était peut-être pas répondre, mais ne fallait-il pas accorder les choses avec le rôle primordial du cœur, pivot de l'embryogénie aristotélique ?

Ce n'est pas sans regret que nous nous bornons à ces indications sommaires. Quel sujet séduisant et neuf qu'une histoire des sciences de la vie avant Aristote ! Il nous suffit d'avoir montré par ces exemples la place qu'elles tenaient dans l'ancienne philosophie. Hippocrate est le contemporain de Démocrite : nous n'en parlerons pas, voulant rester dans le domaine de la biologie spéculative, en dehors de toute application au soulagement ou au bien-être de l'homme. En réalité, vers la centième Olympiade, quand naît Aristote, toutes les branches de la biologie pure ou appliquée étaient déjà cultivées en Grèce et avaient été l'objet des méditations et des recherches des plus grands esprits. Et comment n'en aurait-il pas été ainsi ? Sommes-nous donc dans un monde nouveau ? Si Rome naissante lutte encore pour l'existence contre les peuples italiotes, l'esprit grec a déjà atteint les plus hauts sommets. C'est son déclin qui commence. Hérodote, Thucydide sont devenus ce qu'on appellerait aujourd'hui des « classiques » ; les tragédies de Sophocle ont vieilli comme celles de Voltaire pour nous. L'art grec a donné depuis près d'un siècle sa plus haute expression et la patine du temps commence à brunir les marbres du Parthénon. Les élèves qui se pressent aux leçons des philosophes dans la plupart des écoles, même à Athènes, ont une instruction solide, car les sciences y sont professées et en honneur autant que la morale. Quand Aristophane a voulu rire de la philosophie, n'a t-il pas montré Socrate plongé dans des problèmes de physiologie que l'auteur comique croit ridicules, le saut d'une puce [1], l'origine du bruit strident que fait le vol des cousins? Et pourtant ce maître-là tenait surtout école de morale!

Mais si l'on pouvait écouter Socrate en s'arrêtant d'une promenade ou comme on va entendre un philosophe agréable, il fallait pour suivre les leçons d'un Démocrite ou d'un Aristote, sous peine de ne les point comprendre, en savoir presque autant que nos bacheliers, en géométrie [2] et de même probablement pour le reste. Ces étudiants devaient avoir entre les mains, sur toutes sciences, une foule d'ouvrages, de recueils, d'opuscules, de manuels, d'aide-mémoire, etc. Tous ces livres ont péri, et trop volontiers nous négligeons d'en tenir compte. Et parmi ceux qui auraient pour nous le plus d'intérêt aujourd'hui, il en est peut-être qui n'ont jamais été cités par les auteurs parvenus jusqu'à nous, comme ces événements connus d'une population entière et sur lesquels il ne reste aucun document écrit [3]. Aristote signale à plusieurs reprises, en parlant des poissons par exemple, les erreurs de certains naturalistes sans les nommer. D'autres connaissaient la ponte de l'Huître et de la Moule (*Des parties*, IV, 5) : nous ne savons pas les noms de ces naturalistes, et cependant ils avaient raison contre Aristote qui prend pour de la graisse, chez ces animaux, les ovaires gonflés d'œufs. Sans la description des veines empruntée à Diogène, dont nous avons parlé, saurions-nous que ce philosophe doit être rangé parmi les pères de l'Anatomie? L'auteur de l'*Histoire des animaux* cite encore une autre description des veines du corps par le cypriote Syennesis, dont le nom même serait inconnu sans ce passage si important pour l'histoire de la circulation du sang. Aristote combat

---

1. Voir les très intéressantes études de M. Plateau sur ce même sujet.

2. Aristote (*Gen.* II, 86) suppose que son lecteur connaît les propriétés des triangles et l'impossibilité d'exprimer par un nombre le rapport de la diagonale d'un carré à son côté. M. Paul Tannery dont la compétence en ces matières est bien connue, nous écrit à ce sujet : « Aristote dit dans un autre endroit que ce « théorème se démontre par l'absurde en déduisant de la supposition de la com- « mensurabilité, la conclusion qu'un nombre serait à la fois pair et impair; cette « même démonstration a été conservée dans les *Eléments* d'Euclide. »

3. On peut rappeler cet incendie des combles de Notre-Dame qui dut être vu de tout Paris et qu'on connaît seulement par les traces du feu (voy. Viollet-le-Duc).

Syennesis et Diogène d'Apollonie : faut-il en conclure qu'il n'existait pas d'autres traités d'anatomie que les leurs?

A propos de la respiration, Aristote signale les systèmes d'Anaxagore, d'Empédocle, de Diogène, de Démocrite et de Platon; et il ajoute cependant que peu de physiologues ont traité ce sujet. Plus nombreux étaient donc les auteurs à consulter sur d'autres points de physiologie. Il cite un certain Leophanes, auteur d'un traité très spécial : *De la superfétation*, et il le cite parce que, sur un détail, il est en désaccord avec lui (*Gen.* IV, 17). Autrement, nous ne connaîtrions pas Leophanes; pourtant c'est encore lui qui a raison, prétendant que les testicules ont une part directe dans le fonctionnement des organes génitaux mâles, tandis qu'Aristote leur dénie ce rôle (voy. ci-dessous).

L'*Histoire des animaux* traite avec assez de détails du Chien et du Cheval; qui donc se douterait, si l'œuvre de Xénophon n'était pas parvenue jusqu'à nous, qu'il existait dans les bibliothèques d'alors deux ouvrages importants sur l'art du cavalier et de la chasse, auxquels ceux qu'on écrit de nos jours n'ajoutent pas beaucoup? Il est hors de doute qu'une quantité de livres touchant de près ou de loin à la mathématique, la physique, la biologie et aux applications de ces sciences, devaient être entre toutes les mains au temps d'Aristote, lus, copiés, commentés dans les écoles. Quelque universalité qu'on prête au génie du Stagirite, il ne faut pas perdre de vue qu'il a vécu au milieu d'un monde déjà savant et qu'en définitive les documents certains nous manquent pour établir la juste part qu'il convient de lui attribuer à l'avancement des connaissances humaines.

La critique moderne a fait justice de cette légende rapportée par Strabon, des manuscrits d'Aristote enfouis pendant près de deux siècles, puis retrouvés à moitié moisis, mangés des vers, et finalement reconstitués tant bien que mal par Apellicon. On admet aujourd'hui que les livres d'Aristote n'ont jamais cessé d'être en usage dans les écoles péripatéticiennes jusqu'au jour où Sylla — et ce n'est pas le moindre titre à la gloire de ce grand homme — les donna au monde dans la forme où nous les connaissons. Celle-ci malheureusement traduit d'une manière bien imparfaite la pensée originale du maître. On n'en saurait douter. Qu'Aristote ait été ou non l'auteur ou seulement l'inspirateur des divers traités qui portent son nom, presque aucun — semble-t-il — n'est arrivé à Rome et ne nous est parvenu dans son intégrité primitive.

On admet d'abord qu'Aristote n'a point achevé ses livres. Cela est possible, probable même, en raison de la variété des sujets qu'il a abordés et des traverses de la fin de sa vie. Mais combien vaudrait

mieux pour nous, au lieu de tout ce fatras reconstitué, d'avoir les
notes informes du maître ou simplement ses leçons recueillies par
des élèves, dans leur rédaction première. Cela du moins aurait toute
la valeur des cartons laissés par l'artiste pour une grande page de
peinture interrompue. Le mal est dans les restaurations, les arran-
gements nouveaux — que la main qui les fait soit habile ou mala-
droite! Les fautes de copistes ont bien leur importance; il est certain
que déjà dans les manuscrits apportés à Rome elles devaient être
nombreuses. Et dans les traités scientifiques elles ont une gravité particulière : telle ou telle lecture d'un texte importe assez peu quand il
s'agit de poésie ou de développements oratoires : il n'en est plus de
même dans un exposé de notions exactes ou de renseignements
que nous n'avons aucun moyen de contrôler d'autre part. Et cependant, ces incorrections du fait des copistes accumulées pendant plus
de mille ans [1], ne seraient rien : les manuscrits aristotéliques ont eu
malheureusement le sort commun de tous les manuscrits, celui qu'ils
ont encore de nos jours en Orient. Les premiers copistes d'Aristote furent des disciples; et d'après les idées nouvelles de leur
temps, d'après ce qu'ils croyaient savoir ou connaître mieux que
le maître, ils ont ajouté des commentaires, des vues personnelles,
des renvois qui se croisent à chaque instant, des annotations, des
phrases, des paragraphes entiers en forme de supplément. Et peu à
peu — toujours l'histoire des livres orientaux — ces excroissances
ont passé dans le texte, sont devenues des chapitres entiers, qui
contredisent souvent le texte original conservé à côté. On a mis,
croyant servir la mémoire du philosophe, le nom d'Aristote sur
des traités qu'il n'avait point écrits. Dans une intention non moins
excellente on a modifié la distribution primitive de l'œuvre, séparé
ce qui était uni, et recousu dans un autre ordre des parties dis-
jointes. D'où des répétitions sans nombre, des contradictions fla-
grantes et l'impossibilité où nous sommes d'assigner un ordre quelconque à des traités qui mutuellement s'annoncent comme devant
suivre. Et tel est ce désordre que le mieux, pour la critique
moderne, est de ne point chercher à le réparer. Il suffit de ne
jamais perdre de vue que l'œuvre dite d'Aristote est celle d'une
collectivité. Nous ne reviendrons pas sur ce sujet; il doit demeurer
convenu qu'en citant Aristote ou ses opinions, nous n'entendons pas
mettre en cause directement et personnellement le chef de l'école
péripatéticienne, mais le groupe qui a suivi et recueilli son ensei-

---

1. Les plus anciens manuscrits connus d'Aristote ne remontent pas au delà
du moyen âge.

gnement. Il importe peu, en effet, pour le but que nous nous proposons, que les livres donnés comme d'Aristote soient de lui ou de ses élèves, pourvu qu'ils traduisent fidèlement les doctrines de l'école au moment où il enseignait ou peu de temps après lui. Malheureusement il n'en est pas même ainsi. Quand on lit les livres de cette collection relatifs aux sciences biologiques, on éprouve ce sentiment très net, que si tous à peu près se relient, surtout par leur commencement, à un système scientifique qui doit avoir été celui du maître, tous présentent des interpolations parfois considérables conçues d'un tout autre esprit et qui semblent se rattacher à des doctrines moins anciennes.

La ressemblance du style prouve ici peu de chose, surtout alors que celui d'Aristote ne passe point en général pour châtié. Les règles qui sont de mise quand on veut établir l'identité d'une œuvre d'imagination, ne suffisent plus pour les livres de science. Il y faut encore l'unité de vues, l'unité dans cet autre *style* qui règle le fond des choses. La statue peut avoir été taillée tout entière dans le même bloc et avec le même outil, vous saurez toujours démêler ce qui appartient au maître, des retouches maladroites de l'élève qui a oublié ses leçons. A côté de l'étude analytique du texte, qui appartient aux grammairiens, on peut en imaginer une autre portant sur le sujet et sur la manière dont il est traité. Autre chose est de s'approprier la façon d'écrire d'un naturaliste, autre chose d'entrer dans sa doctrine, de se conformer à sa méthode, à ses façons d'observer ou de raisonner et de ne pas tomber dans des erreurs que son grand savoir pouvait seul éviter. On reconnaît ainsi dans la collection aristotélique une foule d'interpolations à des signes pour ainsi dire certains. Il y aurait là sans doute une intéressante étude à faire et des plus dignes d'attacher quelque érudit à la fois profondément versé dans l'histoire des sciences de la vie, dans la langue et l'esprit grecs.

Si vives que soient nos impressions de lecture, nous ne prétendons nullement — on le comprendra — les donner pour des arguments de discussion. Mais il est impossible de n'en pas tenir compte devant la différence profonde qui existe entre le commencement et la fin — celle-ci toujours inférieure — de la plupart des traités aristotéliques, par exemple ceux De l'âme, De la jeunesse, Du ciel. Un d'eux cependant, et le plus important pour la biologie, semble avoir moins souffert que les autres : le traité *Des Parties*. C'est par lui qu'il convient de commencer la lecture de tout ce qui a trait aux sciences de la vie dans la collection. C'est là évidemment que le chef de l'école a laissé la plus forte empreinte de son génie scientifique. Viennent ensuite le traité *De la Genèse*, puis plusieurs des opuscules que nous avons signalés, et avec eux le IVe livre de la *Météorologie* tout à fait remarquable et singulièrement placé à la fin de cet ouvrage; enfin presque en dernier rang l'*Histoire des animaux*, sauf le début jusqu'au milieu du livre IV, qui est certainement d'Aristote ou du moins inspiré de lui.

L'*Histoire des animaux*, si différente qu'elle ait été sans doute, à l'origine, de la forme que nous lui connaissons, pouvait servir de cadre — et ce fut là sa fortune — à tous les contes sur les bêtes plus ou moins fabuleuses dont l'esprit humain aime à peupler les pays lointains, à toutes les erreurs répandues même sur celles qui vivent près de nous. Aussi Pline faisait-il déjà des emprunts aux moins bonnes parties de ce livre célèbre, qui durent être goûtés du public latin comme le furent plus tard les Bestiaires par le public du moyen âge. On a très diversement apprécié l'*Histoire des animaux* : elle a inspiré de justes critiques, d'hyperboliques éloges. Tout le monde n'a pas, pour admirer Aristote jusque dans ses œuvres les moins parfaites, cette sorte de foi religieuse dans le philosophe grec, que professe M. Barthélemy-Saint Hilaire. Le culte, respectable entre tous, qu'il a voué au Stagirite excuse seul un aveuglement presque touchant. En réalité, toutes les imperfections, tous les défauts qu'on peut relever dans la collection aristotélique se trouvent encore exagérés dans l'*Histoire des animaux*, où d'ineptes sottises anonymes entrecoupent quelques pages admirables dont on ne peut faire honneur qu'au maître ou à ses disciples immédiats, fidèles gardiens de ses idées.

C'est bien en vain qu'on a essayé de démontrer un plan dans ce ramassis incohérent de sujets les plus divers, dans ce livre qui semble fait des débris de toute une bibliothèque dont on aurait sauvé quelques volumes pris aux rayons de choix et d'autres dans les coins oubliés. Il suffit, pour le voir, de suivre l'œuvre pas à pas. Les trois premiers livres et le commencement du IVe sont un magnifique exposé d'anatomie humaine, comparée et générale, sujet qu'on retrouve développé dans le traité *Des parties*. Ceci nous conduit jusqu'au chap. VIII du livre IV. Les trois chapitres qui suivent sur les sens en général, la voix, le sommeil, rappellent les titres des traités *De la sensation*, *Du sommeil*. Puis commence, avec le XIe et dernier chapitre du livre IV, un véritable traité des sexes et de la génération, autre sujet sur lequel Aristote a spécialement écrit [1]. Il

---

1. Dès les premières lignes du traité *De la Genèse* (1, § 1), l'auteur déclare n'avoir jamais écrit sur cette matière et cependant à chaque instant se trouvent des renvois à l'*Histoire des animaux*. Nous nous bornerons à cette preuve, entre toutes autres, du désordre de la collection aristotélique.

semble qu'un nouvel ouvrage commence, où l'ordre est tout à coup renversé.

Au début de l'*Histoire des Animaux* l'auteur avait déclaré (liv. I, VI, § 12) qu'il convenait de s'appliquer d'abord à l'étude des parties dont l'homme se compose : car, « de même qu'on estime la valeur des monnaies en la rapportant à celles qu'on connaît le mieux, de même faut-il faire en toute autre chose ». Maintenant, c'est différent, on nous annonce qu'il ne sera parlé de l'homme qu'en dernier lieu « parce que la connaissance de ses organes exige infiniment plus de détails ». Il s'agit des sexes : on commencera donc par les plus inférieurs des animaux, les Testacés, pour remonter jusqu'à l'homme. Toutefois ce nouvel ordre, indiqué au premier chapitre du livre V, n'est suivi qu'à partir du chap. XIII. Les chapitres II à XII traitent de l'accouplement de tous les animaux de la façon la plus confuse. L'étude véritable des sexes ne commence en réalité qu'au chapitre XIII et se continue jusqu'à la fin du chapitre XVII. Ici trois chapitres (XVIII, XIX, XX) sur les mouches à miel, la fabrication du miel et sur d'autres insectes ; mais rien sur leurs sexes, tandis qu'au traité *De la Genèse* Aristote parlera longuement de celui des abeilles. L'étude des sexes interrompue de la sorte ne reprend qu'avec le chapitre XXVII consacré aux quadrupèdes ovipares. Enfin un chapitre sur la vipère termine ce V⁰ livre.

Le début du VI⁰ livre est consacré aux oiseaux. Avec le chapitre X, nous retournons aux poissons. Enfin commence au chap. XVII l'étude de la génération chez les vivipares terrestres.

Le VII⁰ livre revient à l'histoire de l'homme, mais semble une œuvre à part. M. Barthélemy-Saint Hilaire lui-même admet qu'il n'est peut-être pas d'Aristote. On en a discuté aussi la place, mais on pourrait discuter de même la place d'un grand nombre de chapitres de l'*Histoire des animaux*, celui du Caméléon par exemple, très remarquable, mais certainement interpolé là où il se trouve. Ce VII⁰ livre, en effet, ne paraît pas conçu dans la pure doctrine aristotélique. C'est un petit traité, fort bien fait d'ailleurs, d'obstétrique et de gynécologie où les maladies des enfants ne sont pas non plus oubliées. C'est l'œuvre de quelque médecin physiologue à coup sûr instruit, comme le prouvent des comparaisons tout à fait justes tirées des animaux. Ce traité ne diffère en rien — sauf par l'étendue — de ceux qu'on écrit encore aujourd'hui sur la matière. L'agencement en est heureux et chaque ligne précieuse pour l'histoire des mœurs et de la pratique médicale du temps. Mais l'auteur a le goût des citations poétiques (chap. I, § 2), une certaine tendance astrologique (chap. II, § 1), et la foi dans les propriétés des nombres [1]. Tout ceci ne paraît point d'Aristote.

Le VIII⁰ livre est une sorte d'exposé de zoologie générale où l'auteur traite de la nourriture, des migrations des animaux et de leur « retraite » [2], des chasses qu'on leur fait et de leurs maladies, spécialement parmi le bétail.

Dans le IX⁰ livre de l'*Histoire des animaux*, le désordre est au comble. Nous nous y arrêterons un instant. Il débute par un aperçu de psychologie comparée, qui semble faire suite au livre précédent. Le second chapitre pourrait être inutilé « la Guerre des animaux ». Ils y sont présentés en opposition les uns avec les autres : l'Aigle contre le Serpent, la Tourterelle contre le Verdier, l'Œgite (un petit oiseau) contre l'Ane, l'Emerillon contre le Renard, le Lion contre le Thôs [3]. Après ce bestiaire inepte, et sans transition aucune, un tableau très exact de la façon dont on se procure et dont on conduit les éléphants aux Indes. Puis nous passons aux moutons, aux bœufs, au Cerf qui cache sa corne gauche comme s'il savait que les apothicaires la recherchent pour en faire un remède, et qui se traite en mangeant des escargots quand il a été piqué par l'Araignée phalange. De même la Tortue, si elle a avalé une vipère, s'administre l'origan (chap. VII, § 5); mais la Belette, bien plus avisée, broute à l'avance la rue quand elle doit attaquer le Serpent.

Après ces fables vient, du chapitre VIII au chap. XXIV, une sorte de catalogue ornithologique, qui a pour nous évidemment une grande valeur comme liste d'espèces connues et dénommées; mais c'est là un mérite extrinsèque et qui ne rejaillit point sur l'auteur. Les nombreux détails qu'il nous donne font surtout partie de l'art de l'oiseleur et il y mêle des fables dans le goût de celle de la Phoyx, qui fait sa pâture exclusive des yeux des autres volatiles.

Le chapitre XXV nous ramène aux poissons et à des animaux dont

---

1. C'est vers l'âge de 2 fois 7 ans accomplis que se déclare la puberté de l'homme (chap. I, § 2), mais la semence est inféconde jusqu'à l'âge de 3 fois 7 ans (chap. I, § 2). A ce même âge de 3 fois 7 ans la femme est également accomplie. Si aucun écoulement ne s'est produit chez la femme pendant 7 jours après le coït, c'est une preuve qu'elle a conçu. C'est à 7 mois que les enfants commencent à pousser leurs dents, etc...

2. La retraite (φωλεία) des animaux, à laquelle il est fait de nombreuses allusions dans ce VIII⁰ livre, et dont il est fort peu parlé ailleurs, signifie essentiellement la disparition des animaux pendant une partie de l'année pour une cause ou pour une autre : migration, hibernation, etc. Dans plusieurs passages l'auteur, qui n'est très vraisemblablement pas Aristote, semble croire que beaucoup d'oiseaux se *terrent* pendant l'hiver. Ce préjugé a longtemps subsisté dans nos campagnes, et jusqu'au siècle dernier pour les hirondelles.

3. Animal dont la synonymie est incertaine, peut-être notre loup-cervier. Il en sera plusieurs fois question dans la suite de cette étude.

le livre IV avait déjà parlé, aux Céphalopodes. Aristote les connaît admirablement, et ce passage est un des plus remarquables de l'*Histoire des animaux* : on peut hardiment le laisser à l'avoir du Stagirite. Les chapitres xxvi à xxx traitent des insectes, surtout au point de vue pratique, et nous revenons aux abeilles, dont il avait été déjà question au livre V. Ici c'est une sorte de manuel de l'éleveur d'abeilles et du chasseur de miel, avec de longs détails sur l'emplacement convenable aux ruches (xxvii, 36), sur les maladies de la cire, les parasites, les causes de destruction ou de prospérité des mouches, leurs diverses variétés (xxvii, 15), enfin sur les espèces sauvages dont on recherchait probablement le miel (xxix, 3) pour augmenter la production industrielle. Nous n'avons en réalité aucune raison de ne pas admettre que ce curieux chapitre d'une « Maison rustique de la 120ᵉ Olympiade » ne soit d'Aristote. Son génie pouvait évidemment tout embrasser. C'est Diderot écrivant les articles techniques de l'Encyclopédie. Et cependant il est peu probable que notre philosophe soit l'auteur de cette étude rurale. On y remarque d'abord quelques incertitudes, que la moindre attention d'un esprit aussi profondément observateur que le sien eût suffi, semble-t-il, à lever, comme de savoir si telles ou telles guêpes ont des aiguillons. Mais une objection beaucoup plus sérieuse est dans la confusion même de tout ce livre IX. On notera aussi qu'au traité *De la Genèse* Aristote parle longuement de la génération des abeilles [1] « d'après le dire des éleveurs », tandis qu'un éleveur semble avoir écrit lui-même ce fragment du IXᵉ livre de l'*Histoire des animaux*, peut-être extrait de quelque ouvrage spécial. L'exemple de Xénophon est là pour nous montrer combien ces traités agricoles étaient alors dans le goût du public athénien.

Mais à qui attribuer le triste honneur du chapitre sur le Lion, le Bison, l'Éléphant, le Chameau, le Thôs, qui termine ce IXᵉ livre et qui n'est qu'un tissu de fables ridicules, comme celle aussi des Dauphins faisant un convoi à leurs morts ou sautant par-dessus la vergue des navires (chap. xxxv). Aristote a très bien observé les Cétacés, et d'ailleurs on devait voir souvent les Dauphins prendre leurs ébats jusque dans le Pirée et dans l'Euripe. Il faut que l'auteur de ces contes ait vécu loin de la mer, probablement au fond de l'Asie. Quelques pages plus bas, dans un chapitre sur la *castration*, il est question « des gens du Haut-Pays qui possèdent jusqu'à 3000 chameaux »

---

1. Les deux passages de l'*Histoire des animaux* (liv. V, xviii-xx, et liv. IX, xxvi-xxx) forment, avec le passage en question du traité *De la Genèse*, une très curieuse et la plus ancienne histoire des mouches à miel.

(chap. xxxvii, 8) : nous voici à coup sûr plus près de l'Arménie que
de l'Hymète et de ses ruches. Il est fait aussi de nombreuses allusions aux poissons du Bosphore qu'Aristote n'eut guère l'occasion
d'étudier; et involontairement on pense à l'alexandrin Aristophane
qui était de Byzance[1], et qui publia, au dire de Théophraste, un
abrégé de l'*Histoire des animaux*.

Tel est ce IXᵉ livre, complexe comme tout l'ouvrage. On en conteste
l'authenticité : il est le reflet fidèle de l'œuvre entière, il en montre
à la fois les faces diverses, les faiblesses nombreuses et les assez
rares mérites. Quant au Xᵉ livre, tout le monde paraît d'accord aujour-
d'hui pour le regarder comme apocryphe[2]. Nous ignorons par
quelles raisons et si elles doivent être cherchées ailleurs que dans
une sorte de pruderie toute moderne, mais qui ne devait pas plus
avoir sa place dans l'enseignement que dans les mœurs de l'ancienne Grèce. Il traite de la génération, de la conception, de la stérilité chez la femme, etc., et la doctrine en semble, sur tout cela, fort
concordante avec celle du reste de la collection aristotélique.

Pour nous résumer, il est impossible à notre avis de se faire même
une idée de ce que dut être dans sa forme primitive l'*Histoire des
animaux*. On dirait les fragments incomplets d'un édifice retrouvés
épars et dont on n'a pas su rétablir l'ordre, reliés çà et là par de
piètres maçonneries ou complétés par de hasardeuses restaurations.
Tout le début anatomique est certainement d'Aristote, mais répond
assez mal au titre de l'ouvrage et appartiendrait, semble-t-il, beaucoup mieux au traité *Des Parties* ou à celui *De la Genèse*. On doit
encore faire honneur au philosophe des chapitres sur les Céphalopodes, le Caméléon et de quelques autres; c'est peut-être tout. Des
mains étrangères ont certainement introduit ce catalogue ornithologique du IXᵉ livre, ces histoires fabuleuses, ces contes grossiers,
ces citations de poètes parfois les moins scientifiques, ces tendances
astrologiques mêlées d'un certain goût à la chiromancie (I, xi, 3)
et à la physiognomonie (I, viii, 1-2). Enfin restent les parties didactiques : les unes empruntées, comme les livres VII et X, à la science
des médecins et des matrones, les autres traitant du bétail et des
animaux domestiques. Le Cheval, le Chien, le Mouton, le Porc ne
sont pas plus oubliés que les Abeilles : on nous dit la façon de
les nourrir et de les engraisser, leurs maladies et le traitement,
l'époque favorable à la castration, aux saillies, la manière de reconnaître l'âge des chevaux par les dents. Il est possible que le plan

1. Voy. Zeller, 3ᵉ éd., 2ᵉ vol., 2ᵉ partie, p. 150.
2. Scaliger s'est borné à en discuter la place.

d'Aristote ait été de faire entrer toutes ces données dans une histoire véritablement encyclopédique des animaux et de l'homme. On peut discuter sur ce sujet. Quant à nous notre conviction profonde est que nous ne sommes pas même en état de reconnaître le plan primitif de ce livre célèbre. Ceci d'ailleurs n'ôte rien à son importance par un certain côté. Tout dépend du point de vue auquel on se place. Sous ce rapport, le traité *Des Parties* et l'*Histoire des animaux* sont deux exemples tout à fait topiques. L'un, le premier, est d'un intérêt capital pour reconstituer les doctrines biologiques, l'état du savoir humain au moment où il fut écrit. L'autre nous apporte une somme considérable de petits faits, des nomenclatures entières, des traits de mœurs, dont la valeur est grande pour la connaissance générale de l'antiquité grecque, et qui nous renseignent sur les choses, si non sur les idées d'alors.

C'est en lisant le traité *Des parties* qu'on juge à sa réelle valeur l'*Histoire des animaux*. Le premier de ces ouvrages, digne entre tous du maître, peut servir en quelque sorte d'étalon pour mesurer, dans les autres livres de la collection aristotélique, la part qui lui revient et celle qui ne doit pas lui être attribuée. Cet ouvrage d'un savoir profond et très spécial a dû naturellement exciter moins d'intérêt que bien d'autres dans l'école péripatéticienne sortie des voies scientifiques après Théophraste et Aristoxène. Moins recopié sans doute, moins commenté surtout, il est resté beaucoup plus pur de ces scories qui déparent le reste des œuvres attribuées au Stagirite. Ce traité si remarquable a d'un bout à l'autre toutes les qualités des meilleurs passages de l'*Histoire des animaux* : la clarté, la netteté des descriptions, la suite dans l'exposition, l'absence de tout détail superflu et de tout hors-d'œuvre. On n'y peut signaler qu'une tache, une interpolation évidente au milieu du IIIe livre, avec des citations poétiques qui rappellent le IXe livre de l'*Histoire des animaux* et des récits dignes de celle-ci, comme l'anecdote de la tête tranchée qui répétait le nom de son meurtrier [1], ou cette légende qu'à la guerre les coups portés dans la région du diaphragme provoquent le rire.

Le traité *De la Genèse des animaux*, presque aussi précieux que celui *Des parties* pour l'histoire de la biologie, a beaucoup plus

---

1. *Des parties*, III, 25. A la vérité cette histoire de tête parlante est appuyée d'un fait exact, à savoir : que les Exsangues (tous les animaux autres que les Vertébrés) continuent de vivre après qu'on leur a coupé la tête. Aristote, comme on le verra plus loin, s'attache longuement à cette question de la survie des tronçons d'un animal et le fait avec une hauteur de vues dont le passage en question ne porte aucune trace.

souffert. On y voit reparaître la marque évidente d'un autre esprit et de mains étrangères, surtout médicales. La fin, comme dans la plupart des ouvrages aristotéliques, est très inférieure au début; les formes de raisonnement ne sont plus tout à fait les mêmes dans les livres III, IV et V qu'au commencement; on est en face d'une autre conception de l'être vivant [1]. Nous voyons revenir, en même temps, les combinaisons sidérales, les tendances astrologiques (III, 108) dont il a été déjà parlé [2]. Le Ve livre surtout est encore plus étranger que le reste au génie d'Aristote. On y trouve jusqu'à des allusions aux facéties du théâtre (à propos de la canitie), des recettes de pommades pour empêcher les cheveux de blanchir, des faits aussi peu prouvés que celui des grues qui deviennent noires en vieillissant à l'encontre des autres animaux. Les dissertations s'allongent en raison même de la banalité des sujets et les répétitions abondent.

Il faut signaler encore, au premier rang dans l'œuvre biologique d'Aristote, les quatre premiers chapitres du traité *De la longévité et de la brièveté de la vie*. Les suivants, où l'on voit assez inopinément entre autres choses des recettes d'arboriculture, ne semblent pas faire corps avec les premiers. C'est la règle ordinaire. Mais ces quatre chapitres eussent-ils seuls survécu de toute la collection, qu'ils auraient suffi à assurer une place honorable à leur auteur dans l'histoire des sciences de la vie. Ils sont, par le fond et par la doctrine autant que par les détails, en parfaite harmonie avec le traité *Des parties*, tandis que les autres ouvrages aristotéliques *Du sommeil, Des rêves, De la mémoire, Du mouvement,* même celui *Des sensations* sont loin d'avoir une portée aussi grande et un pareil intérêt pour nous.

Aristote en maints passages renvoie aux *Anatomies* [3]. Ce devait être, autant qu'on peut en juger, un traité d'anatomie avec de nombreuses figures ou même simplement une iconographie accompagnée d'explications. Les premières copies en circulation, ou tout au moins

---

1. La table dont MM. Aubert et Wimmer ont fait suivre leur traduction, relève dans le texte grec vingt-cinq fois le mot ψυχή pour les deux premiers livres, et ne l'indique ensuite qu'une fois pour le IIIe livre et une fois pour le Ve sans que les matières traitées justifient cette différence.

2. Après avoir rapporté les plantes à la Terre, les animaux aquatiques à l'Eau, les animaux munis de pieds (τὰ πεζά) à l'Air (voy. ci-dessous une attribution différente des êtres vivants aux quatre éléments), l'auteur déclare que, s'il existe des êtres répondant au Feu, c'est dans la Lune qu'il convient de les aller chercher, cet astre ayant plus d'un rapport avec le quatrième élément.

3. Diogène Laerce compte neuf livres sur les animaux, huit d'anatomie et un d'extraits anatomiques.

les manuscrits du maître, contenaient certainement des figures d'histoire naturelle. Aristote s'y reporte à chaque instant (voy. entre autres *Des Parties*, III, IV ; *Histoire des animaux*, I-II). Il y renvoie pour l'étude des Poissons (*Des parties*, IV, 13), pour celle des Crustacés à propos des différences qui distinguent les sexes chez ces animaux [1]. Ces précieux documents sont perdus. M. Barthélemy-Saint Hilaire, dans sa constante admiration pour le philosophe grec, charge encore sa gloire du mérite d'avoir inventé les figures d'histoire naturelle. Il est certain qu'elles devaient jouer un grand rôle dans l'enseignement du Lycée, mais rien n'autorise à supposer qu'elles n'étaient pas en usage dans les autres écoles avant Aristote en même temps que le tableau de sable à tracer les figures de géométrie, les cartes et peut-être les sphères [2]. M. Barthélemy-Saint Hilaire va plus loin et conclut que les animaux devaient être représentés avec une rare perfection en raison de celle qu'avaient atteinte à cette époque les arts plastiques dans la Grèce. Ceci n'est point une conséquence forcée et les figures d'anatomie de l'Extrême-Orient, celle du XVIe siècle pour toutes les branches de l'histoire naturelle, sont là qui démontrent à quel point la précision scientifique et la culture artistique chez un même peuple demeurent choses indépendantes [3]. Nous croirions volontiers pour notre part

---

1. « Tous les Crustacés ont une bouche, une ébauche de langue, un estomac et « une issue pour l'excrément. Les seules différences concernent la position et la « grandeur de ces organes. Pour savoir ce que sont chacun d'eux, on peut « recourir à l'*Histoire des animaux* et aux *Anatomies*. C'est en étudiant l'une et « en regardant les autres que l'on comprendra les choses beaucoup plus claire-« ment. » *Des parties*, IV, 5.

2. Voy. *Les Nuées*.

3. On sait si les Japonais excellent à reproduire avec une merveilleuse exactitude tous les animaux de l'air, de la terre ou des eaux. Ils y sont passés maîtres au point qu'on a pu, sur la seule foi de leurs dessins, faire entrer dans les catalogues zoologiques, des espèces qui n'ont jamais été vues. Mais c'est encore l'art. Il en va tout autrement des figures didactiques. La bibliothèque du Muséum d'histoire naturelle possède un magnifique ouvrage japonais sur la pêche de la Baleine. Les paysages, les scènes de chasse à l'énorme animal qu'on tue avec des lances, y sont tracés de main de maître. Tout le détail des instruments dont on se sert pour la fabrication de l'huile est certainement reproduit avec une précision parfaite. Les diverses espèces de baleines sont elles-mêmes assez reconnaissables. Mais il y a là aussi des anatomies et elles sont prodigieusement naïves. On en peut dire autant des figures d'une Encyclopédie japonaise enfantine que nous avons sous les yeux, où sont représentés les principaux organes du corps. Citons enfin un grand rouleau donnant toute l'anatomie d'un supplicié disséqué avec l'autorisation de l'administration japonaise en 1795 par le médecin Miasaki à Oasaka. L'auteur de ce rouleau connaissait les traités hollandais, les ouvrages européens, et cependant les représentations anatomiques y sont encore d'une imperfection notoire. Tous les os, spécialement le rachis, le bassin, sont à peine reconnaissables, tandis que les ivoires japonais

que les figures d'Aristote devaient beaucoup ressembler à ces graphiques sommaires en usage aujourd'hui dans l'enseignement des sciences naturelles et qui sont seulement destinés à fixer par le trait certains rapports d'organes ou certaines dispositions caractéristiques. Nous pourrions citer tel dessin schématique dans nos ouvrages élémentaires d'anatomie comparée [1] dont le philosophe semble avoir donné par avance la légende : « On peut se représenter, dit-il, la « composition anatomique des Quadrupèdes par une ligne droite à « l'extrémité de laquelle serait la bouche indiquée par la lettre A, « puis l'œsophage indiqué par B, l'estomac par C et l'intestin dans « toute sa longueur jusqu'à l'anus par D. Cette disposition se retrouve « à peu près chez les Insectes et les Crustacés. Mais chez les Mol- « lusques (= Céphalopodes) et les Testacés turbinés la fin s'inflé- « chit vers le commencement comme si, sur la ligne E, on ramenait « la droite en la pliant de D vers A (Des Parties, liv. IV, chap. IX). » Il n'y avait peut-être pas ici de figure ; elle est à la rigueur inutile. Mais celles qui existaient certainement dans les Anatomies devaient être surtout linéaires et des sortes de schémas. Et si, au point de vue des mœurs philosophiques d'alors et des procédés scolaires, la perte de ces représentations est essentiellement regrettable, nous ne pensons pas que l'art ou les sciences auraient beaucoup gagné à leur conservation.

Aristote n'a pas ouvert de cadavres humains, cela va sans dire. Hérophile ou Erasistrate furent les premiers, dit-on, qui l'osèrent. Il n'a certainement jamais vu non plus de squelette humain monté pour l'étude. Ce n'est qu'un peu plus tard qu'on put voir, dit-on, cette grande nouveauté à Alexandrie devenue la ville savante du monde. Aristote attribue dans deux passages de l'Histoire des animaux qui se répètent presque littéralement (I, VII ; III, VII), trois sutures au crâne de l'homme et une seule suture circulaire à celui de la femme, ce qui semble indiquer qu'il n'eut jamais l'occasion d'observer à loisir une « tête de mort ». L'esprit et l'art grecs, sans aucun effroi de la mort, se détournaient d'un objet qui d'ailleurs, ne la symbolisait point en ce temps là : c'est seulement plus tard que le moyen âge chrétien en fera un emblème recherché, copié.

Pour l'anatomie humaine on se contentait au temps d'Aristote d'observer les sujets les plus maigres qu'on pouvait trouver afin de lire à travers leur peau la place des organes, et la distribution des

nous offrent parfois des « têtes de mort » rendues avec une curieuse exactitude (Voy. Note sur un rouleau japonais d'anatomie humaine, Soc. de biologie, 24 nov. 1883.)

1. Voy. Gegenbaur, Grundriss der vergl. Anat. 1872, p. 344.

veines « mises à découvert comme les conduites d'irrigation dans un jardin défoncé, ou comme les nervures d'une feuille dont la pourriture a fait disparaître le parenchyme (*Des parties*, III, 5) ». La technique, même pour l'étude des animaux, était des plus rudimentaires. Aristote sait cependant insuffler les conduits afin d'en déterminer la direction (*Hist. Anim.* III, 1). Il conseille pour étudier le trajet des veines l'étouffement des bêtes après les avoir fait maigrir, parce qu'on trouve ainsi leurs vaisseaux gorgés de sang (*Hist. Anim.* III. III. 6). Le moyen était long, mais comment mieux faire deux mille ans avant que l'art des injections soit inventé? En réalité on ne peut guère dire qu'Aristote ait disséqué, et encore moins qu'il ait pratiqué des vivisections comme plus tard Galien; les temps sont encore loin, de ces recherches délicates qui ont failli mettre le contemporain de Marc-Aurèle sur la voie des grandes découvertes de Columbo et d'Harvey. Aristote a simplement *ouvert* des animaux pour connaître la disposition intérieure des organes. Cependant il donne une bonne description d'un objet assez ténu, les yeux de la taupe avec toutes leurs parties et même le nerf optique (*Hist. Anim.*, IV, VIII, 2). Il recommande aussi quelquefois l'examen sur le vif, mais cela est rare : contre plusieurs philosophes il prétend que le fœtus dans le ventre de la mère, le poulet dans l'œuf ne dorment pas tout le temps : il conseille, pour s'en assurer, d'ouvrir la matrice d'une femelle pleine et d'examiner les fœtus (*Gen.*. IV, 8 et V. — Voy plus loin). Aristote n'a jamais été non plus un expérimentateur. L'expérience célèbre, dite d'Aristote, qui consiste à appliquer les doigts croisés sur un objet saillant de façon à le sentir double, n'est pas de lui. Il se borne à invoquer pour les besoins d'un raisonnement, cette épreuve « souvent citée » (*Des Rêves*, II, § 13).

On ne peut guère appeler expériences les observations suivantes : « Quand on approche le doigt des Pectens qui sont ouverts, ils ferment leur coquille et c'est à croire qu'ils voient » (*Hist. Anim.* IV, VIII, 25 [1].) On juge de l'existence de l'odorat chez les animaux inférieurs par ce fait qu'ils recherchent ou évitent certaines odeurs : il suffit de répandre de l'origan et du soufre sur les fourmilières pour que les Fourmis les désertent (*Ibid.* IV, VIII, § 21). Enfin les Guêpes, les Scolopendres dont on a enlevé la tête, ou qu'on a coupées par tronçons, continuent de vivre. Il est souvent parlé de

---

1. Aristote ne connaissait pas les yeux brillants qui bordent le manteau des Pectens et il ne pouvait guère les connaître; on n'étudie bien le rôle de ces yeux qu'en observant l'animal dans des vases transparents, que les anciens n'avaient pas. Il ne faut jamais perdre de vue les conditions défavorables de toute façon où ils étudiaient la Nature.

ce fait dans la collection aristotélique (entre autres *Hist. Anim.*, IV, VII, § 3) [1]. Mais tout le monde connaît cela : ce sont expériences aussi vieilles que les jeux de « l'âge sans pitié ». De même pour les Tortues auxquelles on a enlevé les entrailles et qui vivent encore : on savait cela dans toutes les cuisines d'Athènes. Aristote invoque ces faits connus à l'appui de ses doctrines, ou bien il les explique : ce n'est pas là expérimenter comme fera Galien et dans le sens que la physiologie moderne attache à ce mot.

A quelles sources en dehors des auteurs qui l'avaient précédé Aristote a-t-il donc puisé ses connaissances? Pour l'anatomie comparée ce fut sans doute dans la fréquentation des sacrificateurs et des bouchers. Les premiers, par l'importance même donnée aux *signes* des viscères, devaient les connaître assez bien : Aristote juge que le cœur ne présente jamais aucune altération chez l'animal en santé, par ce fait qu'on ne le trouve jamais malade dans les sacrifices, tandis que les autres organes le sont souvent [2]. Les connaissances anatomiques du Stagirite ont donc essentiellement pour base et pour point de départ les animaux de boucherie. Descartes, à vingt siècles d'intervalle, recommandera aux philosophes la visite des échaudoirs, Galien l'avait déjà fait. Nous ignorons si le chef de l'école péripatéticienne était dans les mêmes idées. Mais il semble n'avoir pas dédaigné non plus la fréquentation des bouchers, à en juger par la description qu'il donne des estomacs du mouton et du bœuf. Il déclare au traité *Des parties* tenir des éleveurs d'abeilles les renseignements propres à l'édifier sur leur mode de reproduction. Ses recherches sur l'embryogénie du poulet nous le montrent de même en rapport avec les métayers, les éleveurs de volaille (voy. *Gen.* I, 34) nombreux à Athènes et déjà en quête des meilleurs procédés pour créer de belles races de poules. Il ne dut pas interroger moins souvent les pêcheurs du Pirée et il sut admirablement faire son profit de ce qu'ils lui disaient, prenant le vrai et laissant le reste. De nos jours M. Coste n'avait-il pas rencontré en Bretagne un simple pêcheur parfaitement ignorant, mais attentif aux mœurs des animaux de la mer? Si le brave homme n'a pas fait, comme il a pu se l'imaginer, les travaux de l'illustre embryo-

---

1. Voy. ci-dessus et plus loin.

2. « Les reins sont fréquemment pleins de pierres, on y trouve des abcès, des apoplexies; de même dans le foie et le poumon, mais surtout dans la rate (*Des Parties*, III, 5.) » Les altérations pathologiques du cœur facilement appréciables à la vue sont en effet fort rares chez les animaux. Et cela concordait avec la doctrine d'Aristote suivant laquelle toute altération du cœur devait nécessairement entraîner la mort (*Ibid.*)

géniste, il l'a mis peut-être plus d'une fois sans le savoir sur la piste de découvertes importantes. Il est fort possible qu'Aristote ait de même trouvé quelque pêcheur intelligent pour lui donner tous ces détails précis qu'il connaît sur les mœurs des Cétacés et principalement des Céphalopodes.

Aristote a été avant tout un grand observateur, observateur dans la plus haute acception du mot, c'est-à-dire qu'il ne se borne pas à enregistrer les faits naturels, il les discute, il les classe, il les compare, il en saisit les rapports avec une sagacité profonde, une méthode à laquelle on ne peut rien reprendre : « Gardons-nous, dit-il, d'établir d'après les apparences ce qui doit être et de préjuger qu'une chose doit être de telle et telle façon, sans qu'elle ait été directement observée. » Nul n'a mieux su que lui mettre ce précepte en pratique. « On dit bien qu'il y a des espèces animales uniquement composées de femelles, ajoute-t-il, mais cela n'a pas encore été observé d'une manière certaine. Toutefois en ce qui concerne les poissons, le doute est permis. » Aristote fait ici allusion à l'Erythrine (sorte de Serran) dont on ne trouvait jamais, disait-on, que des individus femelles; et il reprend : « Cependant on n'a pas encore sur ce point une expérience suffisante, tandis qu'il y a des poissons comme l'Anguille qui ne sont bien certainement ni mâles ni femelles (*Gen.*, II, 76). » On sait que le mystère des sexes de ces animaux n'a été définitivement éclairci que depuis peu d'années par les travaux de M. Ch. Robin.

Aristote a très exactement décrit la fécondation des poissons, la femelle pondant ses œufs, et le mâle venant les arroser de sa liqueur séminale. Il sait que le contact de celle-ci est la condition de leur développement. Et à ce propos il combat un préjugé très répandu, paraît-il, de son temps (*Hist. Anim.* V, IV), d'après lequel les poissons femelles dévoraient la semence des mâles, qui ne manquaient pas de rendre la pareille aux œufs de la femelle aussitôt qu'elle les pond. « Des pêcheurs, ajoute Aristote, prétendent avoir été témoins du fait, mais l'observation des phénomènes naturels n'est point leur affaire, et, pour une foule de raisons, ce prétendu mode de fécondation n'est qu'un conte : D'abord dans la même espèce de poissons, le développement de la laitance et des œufs chez le mâle et chez la femelle va toujours de pair et ils jettent l'une et les autres en même temps. De plus la laitance des mâles passant ainsi dans l'intestin des femelles, qui n'aboutit pas à la matrice [1], ne pourrait consé-

---

1. Aristote, comme on le verra plus loin, confond, chez tous les animaux, l'ovaire et la matrice.

quemment leur servir que de nourriture. La raison de toutes ces fables est dans l'ignorance de ceux qui les propagent. Il existe chez les animaux une variété infinie de modes d'accouplement et de développement. Même alors que le fait extraordinaire relatif aux poissons dont il vient d'être question, aurait été observé chez une espèce, on aurait tort de croire que les choses se passent chez toutes de la même façon (*Gen.*, III. 61) ». Et du coup Aristote réfute avec non moins de netteté plusieurs autres erreurs du même genre en les expliquant [1].

A cette puissante critique, à son savoir prodigieusement étendu, Aristote joint encore un sentiment très vif de la hiérarchie et de la corrélation des sciences. Par là encore il est véritablement initiateur. Il appuie la biologie sur la physique, en lui donnant pour assise la connaissance des quatre éléments. Il distingue avec une netteté admirable l'Anatomie générale de l'Anatomie comparée. Il va plus loin dans cet esprit de méthode et devine déjà ce qu'on appelle aujourd'hui l'Anatomie des formes. Il nous montre (*Des parties*, IV, 10) le volume proportionnel des régions du corps de l'enfant différent de ce qu'il sera plus tard, et il étend ce genre d'étude aux animaux, témoin cette remarque très juste que les jeunes poulains peuvent avec leurs pieds de derrière se gratter la tête, tandis que plus tard cela leur est impossible. Nos traités d'Anatomie comparée modernes négligent complètement ces considérations morphologiques dont il serait trop facile de justifier l'importance, et nous n'aurions qu'avantage à reprendre en cela les errements du Stagirite.

---

1. On dit que le Corbeau et l'Ibis se fécondent par le bec. « Pour les corbeaux, cela vient de ce qu'ils ont comme tous les oiseaux qui leur ressemblent et particulièrement les choucas en captivité, l'habitude de se bécoter, tandis qu'on ne les voit pas ordinairement s'accoupler. Les pigeons se bécotent aussi, mais personne ne s'y trompe. Il est incroyable qu'on ne se soit pas demandé comment le fluide séminal du mâle pourrait arriver à la matrice par les intestins qui ont la propriété de cuire (= digérer) tout aliment. » — On a dit que la Belette mettait bas par la gueule : « la Belette a la matrice placée comme les autres animaux, seulement elle met bas des jeunes très petits et elle les transporte avec sa gueule. De là l'origine de la fable en question. » — « L'Hyène passe pour être alternativement chaque année mâle et femelle, et Hérodote d'Héraclée raconte la même chose du Trochos (?) Chez l'Hyène tout au moins l'explication est des plus simples : elle porte, tant le mâle que la femelle, un repli de la peau qui figure grossièrement une vulve » (*Gen.*, III, 60-68. Voy. en outre sur cette particularité de l'Hyène, *Hist. Anim.* VI, xxviii).

PHYSIOLOGIE GÉNÉRALE

Même sans parler de l'inextricable confusion dans laquelle est aujourd'hui la collection aristotélique, il n'était pas dans les habitudes littéraires des anciens de mettre aux œuvres didactiques l'ordre que nous y recherchons aujourd'hui comme une qualité maîtresse. Dans ces sortes d'ouvrages, les diverses branches des connaissances humaines ou d'une même science n'avaient pas les limites bien définies qu'il a fallu leur donner depuis, par suite de l'extension qu'elles ont prise. Exposer successivement l'objet ou le sommaire des divers traités aristotéliques, comme nous l'avons fait pour l'*Histoire des animaux*, ne donnerait aucune idée du système biologique qui les relie. Il faut en quelque sorte le dégager de l'œuvre entière. C'est seulement en rapprochant les vues éparses, en comparant diverses parties, qu'on peut espérer d'en reproduire le tableau aussi complet que possible et à peu près exact [1].

Une première difficulté qui s'offre toujours en pareil cas est celle qu'on pourrait appeler « du vocabulaire ». Il faut souvent peu de temps dans une science pour qu'un véritable embarras naisse des modifications survenues au langage qu'elle emploie. Un traité de chimie du commencement du siècle dernier est presque illisible aujourd'hui pour qui ne s'est pas familiarisé avec les termes alors en usage, fort différents des nôtres. A plus forte raison doit-il en être ainsi des ouvrages de science écrits il y a deux mille ans avec une éducation et des habitudes d'esprit que nous n'avons plus. Il faut surtout se mettre en garde contre les changements de signification d'une foule d'expressions courantes qui sont restées dans notre langage, mais avec un sens tout autre que celui qu'elles eurent à l'origine, comme les mots *mouvement, chaleur, froid, coction, prin-*

1. Un travail de ce genre, mais surtout anatomique, a été déjà tenté pa M. J. Geoffroy, *L'anatomie et la physiologie d'Aristote*, thèse, Paris, 1878. On dourra consulter l'index bibliographique donné par M. Geoffroy.

cipe, *âme*, *aliment*, *sécrétion*, etc... Le premier soin pour lire
utilement un auteur ancien doit donc être de chercher à déterminer
la juste portée des termes qu'il emploie.

Le mot « mouvement » a dans Aristote un sens beaucoup plus
étendu que celui que nous lui prêtons [1] : tout passage d'un état à un
autre, du néant à l'être, de l'être au néant, d'une forme à une forme
plus volumineuse ou plus réduite, etc., sont des mouvements : La
semence de la plante, le germe de l'animal dans le corps de la mère
se développent en vertu d'un principe de mouvement : l'impulsion
une fois donnée ne s'arrête plus, elle se communique de proche en
proche. Sous ce rapport Aristote ne comprend pas autrement que
nous la suite nécessaire des phénomènes vitaux et l'espèce de fatalité
qui les entraîne dans un ordre déterminé. L'accroissement du corps par
la fixation incessante des particules élémentaires tirées de la nourriture est un mouvement. La vie, en somme, est un mouvement, et
c'est ainsi d'ailleurs que la définira plus tard saint Thomas d'Aquin.

La qualité propre et distinctive des êtres vivants est ce mouvement, c'est-à-dire en langage moderne : la propriété qu'ils ont de se
nourrir. Les plantes aussi bien que les animaux se nourrissent, « car
on ne saurait soutenir qu'elles croissent par en haut seulement et
non par en bas, elles se développent et se nourrissent également
dans les deux directions et en tous sens ». Cette propriété vitale
essentielle (puisque tous les êtres vivants la présentent sans exception) a reçu dans notre langage un peu barbare, mais précis, le nom
de « nutritivité » [2]. Aristote y reconnaît aussi bien que nous le phénomène fondamental de la vie. « Pour les corps naturels, dit-il, les
uns ont la vie, les autres ne l'ont pas; et nous entendons par la vie :
se nourrir par soi-même, se développer et périr (*Ame*, II, ɪɪ, § 3) ».
On ne dirait pas mieux aujourd'hui. Et il ajoute : « Il y a dans
tout être vivant trois choses : l'être lui-même, l'aliment qui le
nourrit et la faculté en vertu de laquelle l'animal se forme de l'aliment : cette faculté est la première âme (ἡ πρώτη ψυχὴ) [3]. » Puisque
celle-ci est la *première* âme, il y a donc plusieurs âmes ou *psychés*
dans l'animal, car on aurait tout avantage à reprendre cette simple
transcription du mot grec. Bien des confusions seraient ainsi évi-
tées. On a écrit des volumes sur ces *psychés* d'Aristote, qui se con-

---

1. Le traité *De l'âme* énumère quatre sortes de mouvements : 1° translation;
2° changement; 3° destruction; 4° accroissement.

2. La « nutrition » étant l'acte qui résulte de cette propriété : dans le langage
courant les deux expressions sont souvent confondues. De même Aristote prend
l'une pour l'autre *l'âme*, c'est-à-dire la propriété, et la fonction (δύναμις) qui en
découle (*Ame* II, ɪɪ, 6; ɪɪɪ, 1).

3. *Ame*, II, ɪv, § 14.

densent dans sa doctrine en une seule portant le même nom. A celle-ci est consacré un traité spécial, dont les deux premiers livres, fort supérieurs aux suivants selon l'usage, doivent être attribués au Stagirite. La lecture de ces deux premiers livres ainsi que les nombreux passages concordants de la collection ne laissent à notre sens aucun doute sur la signification de ce mot ψυχὴ qu'on a obscurcie comme à plaisir et pour le besoin de causes diverses. Il désigne tout simplement dans la langue d'Aristote, soit l'ensemble des propriétés qui caractérisent l'être vivant [1], soit chacune d'elles en particulier. Le nombre des *psychés* sera donc indéterminé et pour ainsi dire indéfini, ce nom s'appliquant à la propriété, c'est-à-dire à la fonction spéciale de chaque organe en particulier. « Si l'œil était un animal, la psyché de cet animal serait la vue, car la vue est rationnellement l'essence de l'œil. L'œil est la matière de la vue; et la vue (= l'âme, la propriété de l'organe) venant à manquer, il n'y a plus d'œil si ce n'est par homonymie, comme on appelle œil un œil de pierre ou un œil en peinture (*Ame*, II, I, § 9) ». Dans un passage demeuré célèbre il dit encore que la forme ronde donnée à une boule de cire est sa psyché, son âme. Ce terme pouvait donc à la rigueur désigner aussi les propriétés morphologiques des corps, et l'École l'eût appliqué sans doute aux formes définies des cristaux, si celles-ci avaient davantage fixé l'attention des anciens. Toutefois Aristote réserve évidemment de préférence le terme *psyché* aux propriétés les plus générales des êtres vivants et il n'en reconnaît ordinairement que trois. On a vu ce qu'était la première, il appelle cette *psyché* commune à tous les êtres vivants sans exception, plantes ou animaux, la psyché ou l'âme trophique (θρεπτική) [2]. Mais les animaux se distinguent des plantes en ce que tous jusqu'aux derniers sentent, car tous ont au moins le sens du toucher. Les animaux auront donc en plus de l'âme trophique une seconde âme sensitive (αἰσθητική). Enfin il y aura une troisième âme pensante, intelligente (νοητική) réservée aux animaux supérieurs et à celui qui occupe le plus haut rang dans la nature (*Gen.*, II, 37) [3]. Ces trois psychés apparaissent d'ailleurs successive-

1. « L'âme et le corps sont l'animal », dit Aristote avec raison (*Ame*, II, II, 11), entendant par là que l'être vivant est un composé d'organes ayant chacun leur propriété, ou inversement un ensemble de propriétés avec leur substratum organique. — De même : « Si la chair est morte (c'est-à-dire si la ψυχὴ s'en est retirée), c'est improprement qu'on l'appelle encore de la chair (*Gen.* II, 21), tandis que les fragments d'une statue sont encore du bois et de la pierre. »

2. *Ame*, II, II, § 3; *Gen*, II, 34.

3. Comme on le voit, nous complétons ici le traité *De l'Ame* ou du moins ses premiers livres, par les premiers livres du traité *De la Genèse*.

ment chez le fœtus dans l'ordre même où nous les énumérons. Le germe ne vit d'abord que d'une sorte de vie végétale, il possède donc l'âme trophique [1]. Ce n'est que plus tard qu'on peut parler de l'existence en lui d'une âme sensible et d'une âme pensante (*Gen.*, II, 37).

On trouve au traité *De la jeunesse* (III, 9) une énumération un peu différente des trois *psychés*, qui y sont dénommées : 1° sensitive ; 2° accrescive (αὐξητική) [2] ; et 3° nutritive ou trophique. L'âme accrescive — en vertu de laquelle la plante ou l'animal s'accroissent en tous sens, comme on l'a vu plus haut — est la propriété essentiellement vitale que nous appelons aujourd'hui « développement ». Le sens du mot ψυχή reste encore ici celui que nous indiquons [3]. On ne saurait le comprendre autrement. Les « âmes » d'Aristote n'ont rien de commun, absolument rien, avec ce qu'on a désigné du même nom dans les religions et les philosophies modernes. Ce n'est pas à Athènes seulement que les idées du Stagirite auraient pu soulever l'opinion et le faire bannir pour impiété, tout au moins pour matérialisme.

A côté des *psychés*, les corps vivants possèdent, comme tous les corps naturels, des propriétés en rapport avec les quatre éléments : le Feu, l'Eau, l'Air, la Terre. Aristote par ce côté se rattache entièrement à la doctrine d'Empédocle. Aux quatre éléments correspondent autant de qualités qui se confondent plus ou moins avec eux dans le langage courant : le Chaud ou l'Igné, l'Humide ou l'Aqueux, l'Aérien ou le Sec, le Froid ou le Terreux [4]. En sorte que

---

1. « L'œuf clair a une âme ; s'il ne vit pas, dans le sens des œufs féconds, puisqu'il n'en sort rien de vivant, on ne saurait non plus l'assimiler à un corps inerte, car il est soumis à certaines corruptions qui laissent à penser qu'il avait un certain degré de vie. On en doit donc conclure qu'il possède aussi une âme mais de l'espèce inférieure, telle que l'âme trophique qu'ont tous les animaux et toutes les plantes sans exception » (*Gen.* II, 75). — Voy. ci-dessous sur les œufs clairs.

2. La botanique emploie le terme « accrescent ». — La psyché accrescive et par cela même « formative » nous conduit à cette psyché qui n'est que le dessin du corps, comme dans l'exemple de la boule de cire.

3. M. Philibert (*Du principe de la vie suivant Aristote*, Thèse 1865) se rapprochait du véritable sens qu'il convient de donner à ce mot ψυχὴ dans Aristote en croyant y découvrir l'équivalent de ce qu'on appelait il y a cinquante ans le « principe vital ». La traduction que nous en proposons, par « propriétés vitales (ou morphologiques ?) » nous semble beaucoup plus rigoureuse et est en même temps tout à fait en harmonie avec la science moderne.

4. Il semble régner une certaine incertitude sur l'attribution du Sec et du Froid confondus l'un et l'autre tantôt avec l'Aérien et tantôt avec le Terreux. — M. Paul Tannery dans de très savantes observations qu'il veut bien nous communiquer à propos de cette étude, nous fait remarquer que « d'après la « physique d'Aristote, les qualités élémentaires, le Chaud, l'Humide, le Sec, le « Froid ne s'appliquent pas chacune à un élément déterminé, mais spécifient

ces qualités semblent moins des effets de la présence des éléments que les éléments eux-mêmes. C'est la confusion que nous faisons encore aujourd'hui à chaque instant et par une sorte d'entraînement naturel entre les propriétés des corps et les activités résultant de ces propriétés.

Les quatre éléments se combinent en nombre et en proportion variables pour former tous les corps de la nature; en définitive on rapporte chaque corps à l'élément qui y domine. Mais comme il n'existait aucune règle, aucun procédé d'analyse pour établir quel élément domine dans tel corps ou tel autre, on conçoit que les opinions aient été fort partagées parmi les physiologues, et la doctrine de la collection aristotélique est loin d'être constante sur ce point [1]. Pour Empédocle l'œil était de nature ignée en raison des phénomènes lumineux dont cet organe est le siège. Pour Démocrite et Aristote il est de nature aqueuse, à cause des humeurs qu'il renferme. Comme on le voit, les sens eux-mêmes étaient rapportés

« par leurs quatre combinaisons possibles deux à deux, les quatre éléments.
« Ainsi :
  « Le Feu est Chaud et Sec ;
  « L'Air est Chaud et Humide;
  « L'Eau est Froide et Humide;
  « La Terre est Froide et Sèche. »
Ajoutons que d'après M. Paul Tannery « les qualités élémentaires auraient été considérées en biologie dès avant Empédocle, c'est-à-dire dès avant la constitution de la doctrine des quatre éléments. Il ne pense pas que le Chaud, le Froid, le Sec, l'Humide, traités dans Aristote comme s'ils étaient des éléments, soient cependant les éléments d'Empédocle. Des exemples de semblables emplois des mêmes termes se retrouveraient dans le traité *De Dicetis* pseudo-hippocratique, dont l'auteur paraît avoir vécu avant Anaxagore et Empédocle et, en tous cas, se rattacher à la doctrine d'Héraclite qui ne reconnaissait qu'un élément. » Nous avons cru devoir transcrire tout au long ces savantes remarques d'un des hommes les plus compétents sur l'histoire des sciences anciennes.

1. Le IVᵉ livre de la *Météorologie* établit dans ces propriétés, qu'on pourrait appeler « élémentaires », deux catégories dont les traités biologiques ne font pas aussi bien la distinction. Le Chaud et le Froid sont actifs; le Terreux et l'Aqueux (c'est ici le sec et l'humide, voy. note précédente) sont passifs. Les terres et l'eau forment la substance des corps (plus ou moins modifiée ensuite par l'intervention de la chaleur ou du froid). Selon que l'Humide ou le Sec domine, le corps est davantage de la nature de l'un ou de l'autre. Ainsi l'Humide en modifiant le Sec le détermine à paraître sous une forme nouvelle. L'exemple classique (depuis Empédocle?) était celui de l'amidon mélangé avec l'eau (et cuit) qui donne l'*empois*, corps différent de ses deux composants. Les corps étant essentiellement composés de Sec et d'Humide tirent directement de cette constitution une propriété variable : la dureté ou la mollesse. On appelle « dur » ce qui ne cède pas et garde sa forme; « mou » ce qui cède, mais ne s'écoule pas naturellement. Ainsi on ne saurait dire que l'eau est molle. Tous les corps étant plus ou moins durs, le sens du toucher nous fournira la mesure de cette qualité : les corps auxquels cède le doigt sont durs, ceux qui cèdent sous le doigt sont mous, etc... Tout ce passage de la *Météorologie* (IV, ɪv) semble d'une science plus avancée et probablement postérieure à Aristote.

aux quatre éléments. Pour cela peut-être on ne comptait que quatre sens, le Goût et le Toucher quoique bien distingués par Aristote [1], ne formant à ce point de vue qu'un seul sens. Il est assez difficile de découvrir pour quelles raisons l'Odorat était considéré comme de nature ignée. Peut-être les fortes odeurs que répandent en brûlant beaucoup de corps, les odeurs recherchées que développe le feu avec d'autres, ont-elles été la cause première de cette attribution? En somme la Vue était donc de nature aqueuse, l'Odorat de nature ignée, l'Ouïe tout naturellement de nature aérienne, et le quatrième sens de nature terreuse, parce que le Goût et le Toucher s'exercent sur des substances plus ou moins dures, comme les matériaux dont le sol est formé.

Ces qualités, qui dérivent des éléments, nous sont assez souvent présentées dans une sorte d'antagonisme et comme des « contraires » [2]. L'Humide est favorable à la vie, le Sec (ici certainement dans le sens de Terreux) est ce qu'il y a de plus opposé aux êtres animés *Gen.*, II, 9). L'esprit humain s'est de tout temps complu à ces dualités, et certains systèmes vivent encore par elles. En pathologie on a tout expliqué, pendant un temps, par le *strictum* et le *laxum*; ne s'est-il pas créé une thérapeutique des *semblables* par opposition à celles des *contraires*.

Si l'Humide est favorable à la vie, le Chaud lui est en quelque sorte nécessaire au point de se confondre avec elle. De toute antiquité l'homme a été frappé du phénomène du froid du cadavre, qui nous émeut toujours un peu quoiqu'on fasse, quand il s'agit des nôtres; et nous n'oserions pas répondre que les animaux supérieurs ne sachent y reconnaître aussi la mort de leurs pareils. La notion de vie a donc pu se confondre, elle a dû se confondre dès la plus haute antiquité avec celle de chaleur. « La mort n'est que la destruction de cette chaleur. Et quand elle s'éteint comme un feu qui n'a plus d'aliment, c'est la mort naturelle (*Jeunesse*, IV-V). Tous les animaux, en effet, ont une certaine chaleur qui leur est propre. Ils en ont plus ou moins, ils sont différemment chauds, et la proportion de chaleur qu'ils ont, exprime leur dignité organique. L'homme est le plus chaud de tous. Dans la vieillesse, cette chaleur devient plus faible parce qu'elle a été dépensée au cours de la vie. Le cœur en est le foyer. » Les plantes, qui sont des êtres vivants, participent naturellement de cette même chaleur. « Si les animaux meurent par défaut de chaleur au cœur, les plantes périssent par défaut de cha-

1. Voy. plus loin.
2. Voy. *De l'Ame*, I, ii, 21.

leur au collet, qui est comme le cœur du végétal (*Resp*. XVII, 4) [1] ».
Cette « chaleur vitale » a d'ailleurs pour Aristote quelque chose de
spécifique. Celle du feu peut favoriser le développement [2], mais n'a
jamais engendré aucun être, tandis qu'il n'en est pas de même de
la chaleur animale et de celle du soleil que le philosophe met ici
sur la même ligne (*Gen.*, II, 37). Il faudra attendre jusqu'à Lavoi-
sier pour voir se modifier ces antiques idées sur la chaleur des êtres
vivants.

La zoologie tient compte aujourd'hui des animaux à sang chaud et
à sang froid : cette distinction est toute nouvelle dans la science,
elle n'a d'ailleurs pas probablement l'importance que lui attribuent
les classifications modernes [3]. En tous cas, les anciens ne l'ont point
connue. On ne doit pas oublier qu'ils n'avaient aucun instrument
répondant à nos thermomètres, aucun moyen, par conséquent, d'apprécier les différences de température quand elles ne sont pas considérables. Qu'on touche avec la main, par les jours d'été ou d'hiver,
la toison d'un mouton, les plumes d'un gros Oiseau ou la peau
écailleuse d'un Reptile, nous n'y ferions pas, si nous n'étions pré-
venus, une grande différence, les trouvant à peu près également
chaudes ou également froides. Aristote a-t-il saisi déjà une partie
de la vérité ? « Tous les animaux qui ont des poumons, dit-il,
sont plus chauds que ceux qui n'en ont pas; et les plus chauds
parmi ceux qui ont un poumon, sont ceux où il n'est pas membraneux, nerveux et pauvre en sang, comme celui des Reptiles
et des Serpents » (*Gen.*, II, 8). Il ne faut pas oublier que la
seule présence d'écailles sur le corps des Reptiles eût suffi à les
faire regarder comme des animaux *froids*, parce que les écailles
sont solides et par conséquent de nature terreuse, c'est-à-dire froide.
Ce langage, qui remonte à Empédocle et à la doctrine des quatre
éléments, se perpétuera dans la science. Pour Galien, les os sont

1. « Les êtres incomplets, c'est-à-dire les œufs et les graines avant qu'elles
aient des racines, ne possèdent pas la même chaleur propre et par conséquent
ne meurent pas : ils se dessèchent simplement (*Resp*. XVII, 4). » On remarquera
que ce passage du traité *De la Respiration*, ne paraît pas tout à fait en harmonie
avec le passage du traité *De la Genèse* relatif aux œufs clairs. Voy. ci-dessus, p. 26.
2. Comme dans le couvage artificiel des œufs, pratiqué de toute antiquité en
Égypte.
3. Plusieurs Mammifères s'engourdissent et se refroidissent dans une certaine
mesure pendant l'hiver. La « température constante » a si peu de retentissement
sur l'organisme, que si le monde entier des Oiseaux avait péri au cours des âges
et ne nous était connu que par des débris fossiles, on n'hésiterait pas à déclarer que les Oiseaux étaient des animaux à température variable comme les
Reptiles avec lesquels ils ont de si grands rapports. Il nous est impossible aujourd'hui d'établir si l'Archéopteryx était un animal à sang chaud ou à température variable.

des organes *froids* à cause de leur dureté, du peu de sang qui y coule ; le poumon est l'organe *chaud* par excellence parce qu'il est mou et plein de sang. Ces termes « chaud » et « froid » ont eu, comme on voit, dans le passé une signification beaucoup plus étendue que celle que nous leur donnons, même en dehors du langage figuré. Quand Aristote enseigne que le côté droit est plus chaud que le côté gauche, il entend par là quelque chose comme plus vivant, plus actif, plus fort. De même l'homme est plus chaud que la femme : ceci ne veut nullement dire, comme on l'a cru, qu'il y ait entre les sexes une différence de l'ordre de celles que constate le thermomètre, mais tout simplement que l'homme est plus fort, plus vivant, plus actif, d'une nature organique supérieure à celle de la femme. De même, mais par une autre suite de déductions, la secousse occasionnée par les poissons électriques était réputée « un froid »[1]. De même encore le Coucou est un animal « froid » parce qu'il vit en état de frayeur constante (*Gen.*, III, 4 et suiv. ; *Hist. Anim.* VI et IX), étant toujours poursuivi par les petits oiseaux dans le nid desquels il vient déposer son œuf.

Si la chaleur animale est spécifique et se distingue du feu, elle n'en produit pas moins une *coction* dont nous devons maintenant parler. Voilà encore un de ces termes dont il faut bien fixer la signification pour comprendre la physiologie ancienne. De bonne heure évidemment les hommes ont été frappés des changements profonds qu'amène la cuisson dans les aliments animaux ou végétaux que la nature leur donnait. Ils les ont si bien appréciés, que cette cuisson est devenue, au moins pour certaines races, un besoin de premier ordre. En tous cas c'est la plus ancienne chimie, et c'est peut-être encore la plus ignorée, après celle des êtres vivants. Par une extension toute naturelle, les physiologues en vinrent à appeler « coction » tout changement des matières alimentaires à l'intérieur du corps. N'oublions pas que la science au début emprunte presque toujours ses expressions aux usages journaliers. Et de même que la cuisson améliore l'aliment, de même toute coction intérieure entraînera avec elle l'idée d'un perfectionnement physiologique. Aristote dira de cette façon que la chair et « un sang bien cuit ». Cela signifie que la chair est du sang ayant subi une modification organique ascendante. Les coctions s'échelonnent de la sorte depuis l'entrée de l'aliment dans l'estomac jusqu'à la production des substances dernières dont l'organisme est composé, et qui dérivent de cet aliment.

1. Voy. *De l'histoire de la sensation électrique*. Revue philosophique, juin 1879.

Toute coction est le contraire d'une corruption [1]. Et puisque la coction représente toujours un progrès organique, il est clair que la corruption (qui en est l'inverse) ne pourra rien engendrer. Une coction ne va pas non plus généralement sans résidu, il faut encore avoir cela bien présent à l'esprit pour comprendre la biologie d'Aristote. C'est donc à tort qu'on prétendrait que des êtres vivants naissent de la pourriture (τὸ σήπομενον) et par la pourriture. Ils proviennent, en réalité, d'une coction (τὸ πεπτομενον) ; et la matière putride où on les voit apparaître, n'est que le résidu de la coction qui leur a donné naissance.

Dans le corps, le résultat des coctions prend le nom de *sécrétion*. Toute production d'un tissu, d'une humeur ou d'une substance quelconque au sein ou par le fait de l'organisme, est une sécrétion, et chacune a son organe (*Gen.* II, 39, 46, 61). Ainsi le sang est une sécrétion qui a pour organe le cœur et les veines; le sang sécrète à son tour les chairs; les chairs sécrètent les os qu'elles enveloppent et qu'elles cuisent par leur propre chaleur comme des briques au feu [2]; la peau sécrète les poils, les plumes, les ongles. L'urine aussi est une sécrétion. De même l'excrément est la sécrétion de la partie terminale de l'intestin (*Gen.* I, 39,61). Mais de plus, à côté de ces sécrétions normales et profitables, il peut s'en produire d'autres qui ne le sont pas, et qui restent sans utilité pour la croissance et pour le maintien de la vie. Si elles viennent à s'accumuler en trop grande quantité dans l'organisme, elles lui portent préjudice (*Gen.* I, 57) soit en se réunissant pour former des abcès, soit en se mêlant aux tissus et aux humeurs dont elles altèrent la nature : elles causent alors les maladies.

En somme, sous cette terminologie un peu confuse pour nos habitudes de précision, on voit qu'Aristote se représente l'organisme comme le siège d'une série de modifications successives de l'aliment pour subvenir à la fois à l'accroissement et à l'entretien du corps [3]. L'aliment est composé de Sec et d'Humide, sans quoi, d'après la doctrine aristotélique, il n'aurait pas de saveur; le corps, en vertu

1. Dans un passage du traité *De la Genèse* qu'il convient peut-être d'attribuer à quelque médecin, l'auteur reproche à Empédocle d'avoir appelé le lait de la femme un « pus (πῦον) blanc ». Il s'élève contre l'expression du poète physiologue, attendu, dit-il, que le pus est toujours une corruption (σαπρότης), tandis que le lait est une cuisson (πέψις) et que rien n'est plus opposé que ces deux choses.

2. « Sous l'influence de la chaleur intérieure se forment les tendons et les os par dessèchement. De là vient que les os ne se dissolvent pas par le feu et sont comparables à une terre, laquelle est cuite au milieu des chairs comme dans un four » (*Gen.* II, 31).

3. « Il y a deux parties dans l'aliment : une nourrissante et une accrescente. » (*Gen.* II, 105).

de sa chaleur propre, élabore cet aliment; il attire à lui toutes les parties légères ou douces pour en faire son sang et ses tissus; il laisse les parties amères et salines qui sont trop lourdes; celles-ci vont constituer l'excrément liquide ou solide (*Sens*, IV, 11).

Les particules qui ont été retenues, subissent d'abord une coction préliminaire dont le résultat est le *flegme*. Il faut voir probablement dans celui-ci le « chyme », et d'une manière plus générale les liquides et les sécrétions des voies digestives supérieures jusqu'à l'estomac, même des voies respiratoires. On n'oubliera pas que pour les plus anciens anatomistes ces voies se confondaient, ce qui donne au mot « flegme » une signification très étendue : il semble dé signer parfois le mucus nasal, la pituite. Le flegme en tout cas représente — pour nous servir du langage moderne — l'aliment propre à être absorbé. De même que les racines des plantes vont pomper les sucs dont elles se nourrissent dans la terre, de même les veines du mésentère s'enfonçant dans l'estomac et l'intestin, qui sont pour elles une sorte de terrain (*Des parties*, IV, 4), y puiseront les matériaux qu'elles portent ensuite au cœur et vers les parties hautes.

Est-ce les veines du mésentère qui forment le sang aux dépens de ces matériaux comme semblerait l'indiquer un passage du traité *Du sommeil* [1] ? est-ce le cœur ? est-ce l'ensemble des conduits où circule le sang et dont il serait la sécrétion? Sur ce point règne quelque incertitude comme sur la nature du *flegme* : nulle part, dans la collection aristotélique, toute cette physiologie de la formation du sang (que Galien localisera nettement dans le foie) n'est exposée d'une manière précise.

Aucun doute au contraire sur le rôle du sang, qu'Aristote apprécie exactement comme nous; il l'appelle, au regard des autres parties du corps, une « nourriture définitive » (*Jeunesse*, III, § 4) [2]. Cet aliment dernier et parfait transsude par les veines, par les canaux répandus dans tout le corps, comme l'eau à travers une terre poreuse; il devient chair, ou ce qui en tient lieu; il fournit de même la substance des os, les ongles, la corne, et toutes les parties dures [3].

---

1. « Dès que l'aliment est parvenu dans l'estomac il y a évaporation dans les veines où l'aliment est converti en sang, lequel se dirige vers le cœur » (*Sommeil*, III, § 2).

2. Un certain Critias avait soutenu que le sang est l'âme même (*Ame*, I, i, § 19), c'est-à-dire le principe de la vie. Aristote ne s'arrête pas à cette opinion dont il faudrait sans doute rechercher la source dans le monde sémitique. Voy. *La physiologie du système nerveux jusqu'au* xixᵉ *siècle*. Rev. scient. mai 1875.

3. « Le sang contient une certaine proportion de terreux, d'humide et de chaud. Ce qu'il y a de terreux en lui, quand l'humide et le chaud l'abandonnent, se coagule par l'action du froid. Ce même principe terreux devient la substance

Certains philosophes d'alors qui semblent avoir suivi en cela Empédocle pensaient que tout aliment contient en lui des particules invisibles de chair, d'os, de moelle, de la matière des cheveux ou des ongles, etc., qui vont directement renforcer les parties de même nature existant dans le corps, en vertu d'une sorte d'*affinité de soi pour soi*. Toute opposée est la doctrine d'Aristote : ce sont les coctions successives qui amènent l'aliment aux états derniers sous lesquels il vient composer, accroître, entretenir les parties similaires de l'organisme. « Si l'on considère l'aliment non cuit (= non modifié par la digestion et la nutrition) c'est le contraire qui nourrit le contraire ; en tant que cuit (= digéré, élaboré) c'est le semblable qui nourrit le semblable (*Ame*, II, IV, § 11) ». Dans l'enfance, tout l'aliment est employé à la croissance, toutes les sécrétions convergent vers ce but [1]. Dans l'âge adulte une grande partie de l'aliment fournit aux sécrétions sexuelles. Chez le vieillard, l'aliment ne subit plus les coctions suffisantes et le corps s'affaiblit.

Tout ce système est nettement exposé au Ier livre du traité *De la Genèse* et ne pouvait être nulle part mieux à sa place. Aristote n'y fait pas d'allusion spéciale au rôle de la chaleur (invoqué à chaque instant dans les petits traités biologiques d'une attribution moins certaine) pour expliquer les transformations de l'aliment. Mais elle intervient évidemment, puisque les diverses sécrétions intérieures qui aboutissent à la formation des tissus et des organes ne sont, en somme, que des coctions. Et Aristote fait ici une remarque qui met bien en relief son génie pénétrant. Il est frappé de la faible masse de l'excrétion solide ou liquide, comparée à celle de l'aliment. Il se demande ce que devient l'excédant de nourriture ; il remarque que si cet excédant s'ajoutait chaque jour, si faible qu'on le suppose, au corps des animaux ou des plantes, l'être deviendrait énorme (*Gen.*, I). Il ignore la proportion d'eau considérable dans tout aliment même solide, et s'il a peut-être quelques notions de la transpiration cutanée, il n'en a aucune de l'excrétion pulmonaire, par

dure et consistante des ongles, des cornes, des sabots, du bec des oiseaux. Toutes ces parties en effet, sont ramollies par le feu (de même que le sang était coagulé par le froid) mais ne fondent pas (comme la graisse). Quelques-unes toutefois sont solubles dans les liquides (le vinaigre?), par exemple les coquilles d'œuf. »

1. Les secrétions sont subordonnées dans l'économie à une sorte de balancement. C'est parce que la sécrétion est abondante vers les organes génitaux des femelles des vrais Vivipares pour fournir aux menstrues, etc... qu'elles ont moins de sécrétions superficielles : un poil moins épais, pas de crinière, pas de bois, de cornes ni de dents saillantes (*Gen.* l, 85). Un autre exemple est le suivant : la graisse qui est un sang plus cuit que le liquide séminal, mais cuit d'une autre façon, se produit au détriment de celui-ci (*Gen.* l, 64-67), comme on le voit par l'exemple des personnes grasses et des animaux soumis à l'engrais.

laquelle s'échappe la plus grande partie de cette eau. Dans les
données de son temps, sa remarque est donc fort juste et son étonnement tout à fait légitime. En fait Aristote, qui trace un tableau si
net de ce que nous appelons aujourd'hui l'*assimilation*, n'a aucune
idée de la *désassimilation*, il ne la soupçonne même pas, il ne pouvait pas la connaître. Il ne sait, somme toute, que la moitié de la
nutrition.

ANATOMIE GÉNÉRALE.

On a dit qu'Aristote, par l'exposé méthodique qu'il fait des propriétés de certaines substances vivantes, avait pressenti la chimie des tissus, la science qui porte aujourd'hui le nom d'Histochimie, à une époque ou la chimie même existait si peu. C'est aller bien loin. Mais on doit reconnaître qu'il a parfaitement délimité le domaine de l'Anatomie générale. Il est, de ce côté, le véritable précurseur de Bordeu et de Bichat, comme il est, en Anatomie comparée, le précurseur de Belon, de Vicq-d'Azyr et de Cuvier ; celui de Lamark et de Geoffroy Saint-Hilaire en Zoologie générale.

Aristote distingue expressément, dans l'étude de l'organisme, deux choses : l'étude des *parties similaires* et celle des *parties dissemblables* (*Gen.* I, 39), c'est-à-dire l'étude des tissus et celle des organes. Partout il maintient avec une grande force cette distinction, et il l'appuie d'exemples parfaitement choisis : « Les organes ont une *fonction*, comme la langue, la main ; » les tissus ont des *propriétés*, « les parties similaires sont dures ou molles ou ont quelque propriété analogue » (*Gen.* I, 43). Il établit nettement ce qui distingue, au point de vue de la structure, la partie similaire de l'organe : la partie similaire est toujours semblable à elle-même : ainsi, dit-il, un tronçon de veine est toujours veine. On ne saurait être plus catégorique, et la science moderne ne trouve rien à reprendre à ce langage. Les parties similaires semblent aussi avoir toutes une importance égale et se retrouver chez tous les animaux (au moins du même groupe), tandis qu'il n'en est plus de même des organes : pour ceux-ci il en est dont l'importance et par suite la constance chez les animaux, sont beaucoup plus grandes que d'autres; au premier rang il faut citer le cœur, ou l'organe qui en tient lieu, selon l'expression habituelle du philosophe.

Le IIIe livre de l'*Histoire des animaux* est presque tout entier un traité d'Anatomie générale. Les diverses parties similaires y sont étudiées successivement : après les veines les os, le cartilage; puis les ongles, les poils, les cornes, le bec des oiseaux, tous ces organes ne formant qu'un seul groupe; puis la graisse et le suif, le sang, la moelle, la chair, le lait, la liqueur séminale et enfin les « membranes », ces parties similaires qui éveilleront si fort l'attention de Bichat et dont le nom servira de titre à son premier essai d'Anatomie générale.

Nous ne pouvons reprendre tous ces sujets en détail. Ce serait, d'ailleurs, répéter le IIIe livre de l'*Histoire des animaux* à la distribution et à l'agencement duquel il n'y a rien à modifier. Nous nous arrêterons seulement sur quelques-uns de ces systèmes anatomiques si bien déterminés, en nous aidant de l'ensemble de la collection aristotélique.

Système pileux. — Les organes composant pour nous le système pileux, sont déjà regardées par Aristote comme des parties similaires : les piquants du Hérisson, pour lui, sont des poils (*Gen.*, V, 35); les plumes des oiseaux correspondent également aux poils des vivipares; mais il range à tort dans la même catégorie les écailles des poissons — erreur qu'on a commise jusqu'en ces dernières années — et les baguettes des oursins (*Gen.*, V, 38).

« La nature des poils est étroitement en rapport avec celle de la peau [1]. Or la nature de la peau est terreuse, parce qu'elle est superficielle et qu'elle laisse constamment l'aqueux s'évaporer [2]. C'est la peau qui produit les poils, les écailles, etc., ce n'est pas la chair située sous la peau. Les poils laissent aussi l'aqueux se dégager et sont, en conséquence, terreux comme la peau; ils le sont même davantage, et par suite plus fermes, plus résistants que la membrane qui leur donne naissance. La peau est-elle rude, les poils le sont également par l'abondance des matériaux terreux et la grosseur des canaux [3]. Est-elle mince, les canaux sont étroits et les poils sont fins [4].

1. Aristote croit que l'homme a proportionnellement à sa taille la peau plus mince que tous les animaux.

2. Il faut se représenter sans doute ici les choses comme elles se passent quand la terre mouillée se dessèche et qu'il se forme à la surface une croûte recouvrant le fond resté humide.

3. Faut-il entendre par ces canaux un conduit supposé dont le poil serait percé dans toute sa longueur; ou bien s'agit-il des orifices des bulbes pileux, bien visibles ordinairement sur les peaux mégissées et corroyées?

4. « Cependant, remarque Aristote, ce ne sont pas toujours les animaux qui ont la peau la plus épaisse, qui ont le plus de poils, comme le prouve l'exemple du Porc, du Bœuf (probablement le Buffle) et enfin de l'Éléphant » (*Gen.* V, 41). — Mais Aristote, ou du moins l'auteur aristotélique se trompe quand il croit la chevelure en rapport avec une épaisseur de la peau plus grande au crâne que sur le reste du corps.

Les cheveux évaporent plus ou moins vite leur humidité (ἰκμάσ), vite si cette humidité est aqueuse et alors les cheveux restent courts (*Gen.*, V, 42), lentement si elle est huileuse, attendu que l'huile sèche moins rapidement que l'eau, et dans ce cas les cheveux deviennent longs (*Gen.*, V, 41.)

C'est encore l'évaporation qui rendra compte de la nature lisse ou crêpue des cheveux (*Gen.*, V, 43). S'ils ont contenu d'abord un peu d'humidité et qu'ils se dessèchent, ils se tordront comme le cheveu exposé à la chaleur d'une flamme. Un climat chaud et sec, en desséchant les cheveux, les rend crêpus ainsi qu'on le voit chez les Æthiopiens, tandis que les Scythes et les Thraces du Pont ont les cheveux lisses par leur excès d'humidité, en rapport avec celle du climat qu'ils habitent (*Gen.*, V, 44). Il semble toutefois qu'ici se présente une difficulté : si les peuples du nord ont les cheveux doux et lisses, comment se fait-il que les moutons sarmates aient la laine rude? (*Gen.*, V, 47). Mais en ces sortes de conjonctures, l'École n'est jamais embarrassée et trouverait plutôt deux raisons qu'une. Si les moutons sarmates ont la laine rude, c'est qu'ils vivent en plein air comme les animaux sauvages et que le froid dessèche non moins que la chaleur [1]. Si les Sarmates ont les cheveux blonds et doux, c'est que l'humidité ne va jamais sans un peu de chaleur et que le propre de celle-ci est précisément d'attendrir les corps, de les ramollir. Heureuse philosophie qui savait si bien concilier toutes choses et en découvrir les raisons !

Un autre exemple de cette influence du froid et du dessèchement sur les sécrétions de la peau nous est offert par un Oursin qu'on employait à Athènes, probablement en médecine, et qu'on pêchait par 60 brasses (ὀργυιά = 1 m. 850) environ, c'est-à-dire, selon les idées d'alors, dans les profondeurs froides de la mer. Ces Oursins sont petits avec des baguettes grosses et rugueuses : grosses, parce que ces animaux ayant peu de chaleur cuisent mal l'aliment qui tourne dès lors en sécrétions périphériques abondantes; rugueuses, parce que le froid solidifie ces sécrétions et les congèle en quelque sorte. C'est encore pour des raisons de même ordre que les plantes sont plus terreuses (= ligneuses), plus âpres, plus semblables à la roche dans les pays du nord que dans les pays du sud, et sur les sommets exposés aux vents que dans les vallées abritées. Le froid et le dessèchement font cette différence.

« L'âge, en laissant éteindre la chaleur du corps, agit comme le

---

1. La chaleur dessèche par elle-même, le froid dessèche parce qu'il épaissit (comme le montre son action sur l'huile, sur l'eau, etc.).

froid; il le dessèche et le rend plus terreux (*Gen.*, V, 50); la peau devient plus rude, plus épaisse, ainsi que les poils [1], les plumes, les écailles. De là même vient le nom du vieillard (γῆράς), de γεηρός. La science moderne n'a pas confirmé cette étymologie. L'important est qu'on l'ait invoquée. Quand nous appliquons au corps du vieillard l'épithète de « desséché », nous savons que nous parlons au figuré. Les anciens physiologues croyaient sa peau véritablement privée de l'humidité qui fait la rondeur des formes juvéniles, ils employaient la même expression que nous, mais au propre. C'est l'histoire d'une foule de locutions.

Tout ce qui précède, sans être marqué au coin d'une science profonde, donne au moins quelques indications de doctrine. Ce qui va suivre, extrait également pour la plus grande partie du Vᵉ livre du traité *De la Genèse*, n'offre pas même cet intérêt; il s'agit de la canitie, de la calvitie, sujets sur lesquels on peut, sans grand savoir, disserter beaucoup. On trouve aussi là des légendes, des faits mal observés, des recettes de toilette [2], des allusions aux comiques [3], et enfin des opinions en contradiction formelle avec les idées fondamentales du maître [4]. Nous passerons très vite. « On a, à tort, invoqué le dessèchement comme cause de la couleur blanche que prennent les cheveux. Il n'y a aucune assimilation à faire entre les cheveux qui blanchissent et un gazon qui se dessèche; en effet, on voit des poils de barbe qui naissent blancs, or rien de desséché ne pousse. On grisonne par une sorte d'état maladif (*Gen.*, V, 57) [5] : si les cheveux blonds deviennent plus vite gris que les noirs (*Gen.*, V, 64-65), c'est que cette coloration est déjà un signe de faiblesse. Parmi les animaux, il n'y a que le cheval qui grisonne un peu. Mais l'homme est le seul être qui blanchisse aussi complètement. C'est par le front qu'on devient chauve d'abord, mais c'est par les tempes qu'on grisonne d'abord (*Gen.*, V, 38).

1. En ce qui concerne les poils tout au moins, l'assertion est assez peu exacte; le plus souvent les bulbes pileux diminuent avant de disparaître. Tout ce passage, d'ailleurs emprunté à la fin du traité *De la Genèse*, n'est vraisemblablement pas d'Aristote.

2. « On empêche les cheveux de grisonner avec un mélange d'eau et d'huile » (*Gen.* V, 66).

3. Il s'agit des cheveux blancs comparés à ces fines toisons de moisissures qui poussent sur les substances vieillies et altérées.

4. Cette opinion entre autres que les femmes n'émettent point de liquide séminal (Voy. ci-dessous).

5. « La preuve que les cheveux grisonnent par une sorte de putréfaction (= altération morbide) et non parce qu'ils se dessèchent, est que les parties ordinairement couvertes, comme la tête par la coiffure, deviennent grises les premières; la coiffure empêche l'accès de l'air et celui-ci est contraire à la pourriture. »

Les enfants ne sont jamais chauves. La femme ne devient pas chauve parce qu'elle tient de la nature de l'enfant, de même les eunuques parce qu'ils tournent à la femme [1]. La calvitie se montre d'abord au sommet du crâne, parce que c'est le lieu le plus froid du corps à cause de la présence de l'encéphale, organe refroidissant par excellence, comme on le verra plus loin. Elle vient d'autant plus vite qu'on s'adonne aux plaisirs de l'amour [2]. Les animaux ne sont jamais chauves parce que leur encéphale est plus petit et permet, en conséquence, à la tête de s'entretenir dans une chaleur suffisante (*Gen.*, V, 63). La chute des cheveux n'est pas, d'ailleurs, un fait isolé, et dépend d'un ordre de choses beaucoup plus général. Les oiseaux qui se retraitent (voy. page 12) perdent leurs plumes, un certain nombre de végétaux perdent leurs feuilles (*Gen.*, V, 50). Si les plumes de ces oiseaux, les poils des animaux ou les feuilles des arbres repoussent au printemps, c'est que, pour ces êtres, le retour des saisons amène des changements, tandis que chez l'homme les saisons de la vie se succèdent sans retour; donc, les circonstances favorables à une pareille rénovation ne se présentent pas (*Gen.*, V, 56). Les cheveux, les plumes, les feuilles des arbres, tombent par le manque d'humidité chaude. Et comme de toutes les humidités celle qui est la plus chaude est la graisse (λιπαρόν), voyons-nous les plantes grasses (λιπαρα = résineuses) rester vertes. »

Tout ce qui a trait à la robe des quadrupèdes vivipares est beaucoup plus intéressant. Chez les animaux à robe bigarrée, la peau offre toujours au-dessous du poil une couleur correspondante (*Gen.*, V, 68), et c'est celle-ci qui règle la couleur de celui-là. L'auteur aristotélique le démontre par l'exemple de la langue des animaux (domestiques) qui est souvent de plusieurs couleurs, et puisque la peau peut être diversement colorée où il n'y a point de poils, il faut donc que ce soit l'état de la peau qui règle celui du poil (*Gen.*, V, 76). L'argument est juste, il l'est d'autant plus qu'aux regards de la science moderne, la langue est recouverte non d'une muqueuse, mais d'une véritable peau tout à fait comparable à celle de la surface du corps. Cependant, d'après notre auteur la même règle ne s'applique pas aux hommes; il en est qui ont le teint très clair avec des cheveux foncés. La peau n'a donc plus ici d'influence

1. « La barbe ne leur pousse point ou bien elle leur tombe, tandis qu'ils conservent le poil des parties génitales, qu'ont aussi les femmes. »
2. « Parce qu'ils engendrent par eux-mêmes le froid en causant une perte de chaleur pure et physique (καθαρᾶς καὶ φυσικῆς θερμοτητος ἀπόκρισις) » et que ce froid vient s'ajouter à celui de l'encéphale.

sur la couleur des cheveux, et chez les albinos [1] les cheveux deviennent blancs indépendamment de la couleur de la peau (*Gen.*, V, 57). La peau de son côté peut se colorer par l'effet du soleil et du vent, appréciation exacte des causes diverses qui produisent le hâle.

La robe des animaux prête encore aux considérations suivantes : certains sont d'une seule couleur comme le Lion qui est fauve; il en est ainsi du plus grand nombre des espèces animales. Chez d'autres, l'individu est d'une seule couleur mais qui peut varier : un bœuf blanc et un bœuf noir. Chez d'autres enfin, l'individu est bigarré (*Gen.*, V, 69). La bigarrure se présente elle-même de deux façons : ou bien elle est identique pour tous les individus de l'espèce : la Panthère avec ses taches, le Paon avec ses yeux, et nombre de poissons. Ou bien chaque individu présente une bigarrure spéciale. Ceci peut exister chez une espèce qui n'est pas elle-même naturellement bigarrée comme les bœufs, les chèvres, les pigeons. Mais cette bigarrure se rencontre surtout dans les espèces où les individus sont déjà eux-mêmes de couleurs variées, et elle reproduit communément ces couleurs [2] : l'animal ne sort donc pas de sa nature. Quant aux animaux à livrée uniforme, spécifique, ils n'en prennent jamais d'autre, excepté par maladie, celle-ci pouvant causer l'albinisme. On a observé l'albinisme chez la Perdrix, le Corbeau, le Moineau, l'Ours (*Gen.*, .V, 71).

A côté de ces aperçus, qui ne dépareraient pas un traité moderne de Zoologie générale, s'en trouvent d'autres d'une science moins sûre, et qui relèvent, en tous cas, de doctrines scientifiques un peu différentes. Nous nous bornons à les indiquer. « La variété d'alimentation cause la variété de coloris : les abeilles ne mangent que du miel et sont de couleur uniforme; les guêpes et les frelons sont bigarrés de jaune et de noir parce qu'ils butinent toutes sortes de nourritures. Les eaux ont aussi une grande influence : plus chaudes

---

1. Qu'il s'agisse ici de gens affectés d'albinisme total (λεύκη) ou de simple vitiligo, il est inexact que la couleur des poils soit indépendante de celle de la peau, seulement l'observation du fait est beaucoup plus délicate sur ces individus que dans le cas des animaux. Chez ceux-là la peau sur laquelle poussent les poils blancs est toujours entièrement dépourvue de pigment, et le hâle même n'a que très peu de prise sur elle. Voy. *Des colorations de l'épiderme*. Thèse, Paris 1864.

2. L'auteur ne signale pas l'influence toute naturelle ici des croisements ou des ressemblances (voy. ci-dessous). Il semble de plus méconnaître complètement l'influence de la domestication, on l'a déjà vu par l'histoire des moutons sarmates (p. 37) : il ne paraît point se douter qu'ils sont plus près de l'état de nature que les moutons mieux domestiqués qu'on avait en Grèce et dont la laine était devenue plus fine.

elles blanchissent le poil, plus froides elles le rendent plus foncé ; et l'auteur ajoute, sans que nous comprenions bien sa pensée, que cette action des eaux est la même sur les plantes. Les eaux chaudes renferment plus d'air, et c'est la présence de cet air qui engendre la couleur blanche, comme le montrent les liquides qui moussent [1] ; de même l'air renfermé en vapeur dans le corps est la raison de la couleur plus blanche du poil sous le ventre des quadrupèdes à livrée uniforme, parce que cette région est plus chaude (*Gen.*, V, 74) ; pour cette raison encore, les animaux blancs ont une chair plus succulente, ayant subi, grâce à la présence de cet air, une coction plus parfaite. »

Squelette. — Nous avons dit qu'Aristote n'avait probablement jamais étudié ou même jamais vu de squelette humain. Mais on peut s'étonner qu'il n'ait pas donné plus d'attention à celui des animaux. Est-ce une lacune dans la collection aristotélique ou plutôt faut-il penser que le philosophe négligea, de parti pris, ces organes terreux et si peu vivants ? Il sait toutefois que les os se relient tous les uns aux autres, que cette continuité du squelette est la condition même de son rôle physiologique, aussi bien que la rigidité et la résistance des os qui le composent. « Les os représentent, en quelque sorte, les bois et les fers d'une marionnette, dit-il très-justement ; les nerfs sont comme les ressorts qui, une fois lâchés, se détendent et meuvent la machine » (*Du mouvement*, VII, § 7). Par « nerfs » l'auteur entend ici les tendons. Aristote n'a absolument aucune notion des muscles ; les muscles tous ensemble constituent ce qu'il appelle la « chair », douée seulement, à ses yeux, de propriétés sensitives. Les tendons ne transmettent pas l'action musculaire puisque celle-ci n'existe pas : ils sont la puissance même qui fait mouvoir les os.

Aristote n'a que des idées très vagues sur la composition du squelette des animaux. Toutefois il sait que l'Eléphant est un animal digité, à cinq doigts bien distincts, avec leurs phalanges [2]. Il ne soupçonne pas les homologies des os des membres. Il voit bien que l'Eléphant marche du membre postérieur de la même façon que

---

1. Il est assez curieux que la réalité soit jusqu'à un certain point d'accord avec cette théorie aristotélique. La couleur blanche dans les poils des animaux aussi bien que dans les pétales des fleurs a pour cause la présence de globules d'air infiniment ténus.

2. L'auteur semble parler ici *de visu*, il aurait donc connu le squelette des extrémités de l'Éléphant. Rappelons toutefois que le nombre des doigts est nettement accusé à l'extérieur par celui des ongles ou sabots, surtout chez les jeunes sujets, et on verra plus loin qu'Aristote avait eu probablement occasion d'en observer.

l'homme [1] et il reconnaît aisément le genou de l'énorme bête à la place qu'il occupe chez nous. Mais pour tous les autres quadrupèdes il se trompe et appelle « genou » leur talon ; par suite il voit chez eux une opposition dans le sens de la flexion des deux membres antérieur et postérieur, tous deux se pliant *en dedans* [2]. Naturellement il étend la même erreur à l'oiseau qu'il décrit comme ayant le genou tourné en arrière (*Des parties*, IV, 12). De là cette autre conséquence que l'oiseau paraît avoir deux cuisses (la cuisse et la jambe), qui montent s'insérer jusqu'au milieu du tronc ; et voilà pour quelle raison l'oiseau, tout bipède qu'il est à la manière de l'homme, ne se tient pas droit comme lui. Nous pouvons nous étonner d'erreurs qui nous semblent aujourd'hui faciles à éviter : elles s'expliquent à la rigueur par ce seul fait qu'on ne savait point alors préparer les squelettes, que personne n'y avait songé.

Dents. — Le IIe livre et le Ve livre du traité *De la Genèse* parlent des dents. Nous avons déjà signalé la valeur scientifique si différente du commencement et de la fin de cet ouvrage. Au IIe livre, Aristote discute la nature des dents, et met du même coup le doigt sur le point délicat de leur histoire (*Gen.*, II, 109). Il reconnaît que ces organes peuvent causer un certain embarras à l'anatomiste, parce que tout en se rapprochant des os, ils ont aussi un rapport manifeste avec les poils, les plumes, tous ces organes que de Blainville rangera, vingt siècles plus tard, sous la dénomination de « phanères, » et où il placera aussi les dents. On sait aujourd'hui que l'émail des dents se forme d'après un mode de développement tout à fait comparable à celui qui donne naissance aux poils, aux piquants, aux plumes ce qui justifierait jusqu'à un certain point les vues de Blainville ; mais d'autre part on sait aussi que la substance de la dent elle-même est de l'os, tellement que chez les vertébrés inférieurs, elle est souvent en continuité avec le reste du squelette. Dans cette question d'Anatomie générale, certains arguments parlent donc en faveur de Blainville, mais Aristote semble encore plus près de la vérité que l'élève immédiat de Bichat. Il reconnaît aux dents

---

1. L'Éléphant est peut-être, en effet, celui de tous les animaux — sans en excepter les grands singes — dont les mouvements du train postérieur se rapprochent le plus des nôtres. On sait que les os de la jambe de l'Éléphant ont été pris à diverses époques ou montrés pour des os de géants. La différence, abstraction faite de la longueur du pied, n'est pas si grande qu'un public peu instruit ne s'y puisse tromper.

2. Cette opposition existe en effet, mais pour les articulations du carpe et du tarse, non pour le coude et le genou toujours un peu cachés sous la peau et qu'Aristote ne semble pas connaître.

la même structure qu'aux os où elles s'implantent et dont elles partagent toutes les propriétés, tandis que les ongles, les cheveux, les cornes ont, dit-il, plus de ressemblance avec la peau, puisqu'on les voit en prendre la couleur. Cependant, toujours d'après Aristote, les dents diffèrent des os en ce qu'elles n'apparaissent pas comme ceux-ci dès le début de la vie et toutes ensemble ; de plus elles tombent et repoussent, tandis que les os n'offrent rien de pareil (*Gen.*, II, 110). Une singulière erreur d'Aristote, basée il est vrai sur des faits exacts mais particuliers à certains animaux tels que les Rongeurs, est de croire que les dents poussent constamment, sans quoi elles seraient bientôt usées : quand elles s'usent (= se gâtent ?), c'est que la croissance n'a pas compensé l'usure.

Démocrite avait professé sur les dents de lait une opinion qui est peut-être l'origine du nom qu'on leur donne encore. Il y voyait des dents précoces, sorties avant l'heure de la gencive sous l'influence des mouvements de succion que fait l'animal pour teter (*Gen.*, V, 95). L'auteur aristotélique du second passage sur les dents au V⁰ livre du traité *De la Genèse*, réplique : le Porc tette et cependant n'a pas de dents de lait, de même certains carnassiers comme le Lion. L'apparition des premières dents avant que le jeune animal en puisse faire usage s'explique tout naturellement par leur destination même. Ne doit-il pas être préparé d'avance à prendre une nourriture plus solide? Si les dents de lait ne faisaient que devancer leur heure, comme le veut Démocrite, la Nature aurait donc manqué à son rôle, elle n'aurait pas fait les choses pour le mieux possible. En outre tout ce qui est violent est contre nature, ce serait donc par une sorte de violence que les dents de lait pousseraient, ce qui est inadmissible. Après ces beaux raisonnements, l'auteur aristotélique convient que si la succion ne fait pas sortir les dents, la chaleur du lait peut y aider, la chaleur étant toujours un agent de croissance (*Gen.*, V, 98). Il montre encore les incisives poussant avant les molaires, parce qu'il faut couper ou déchirer l'aliment avant de le broyer, et aussi parce que le développement est plus vite achevé d'un petit organe que d'un gros (*Gen.*, V, 97). Les incisives sont plus petites parce que l'os de la mâchoire est plus mince vers le menton qu'en arrière, où par suite l'aliment sanguin est en plus grande abondance. On pourrait, à la vérité, tout aussi bien faire le raisonnement inverse et expliquer la dimension des parties de la mâchoire par le volume des dents qui doivent s'y insérer. C'est le propre des doctrines finalistes de se prêter de la sorte à une foule de combinaison opposées. Mais continuons : « les incisives tombent les premières, parce que leur tranchant s'use facilement et que d'autres doivent les remplacer (*Gen.*, V, 99), et aussi parce que la portion de la mâchoire où elles sont insérées est faible ; elles repoussent parce qu'à ce moment l'os de la mâchoire n'a pas achevé sa croissance. Les molaires poussent avec une grande lenteur, la dernière apparaissant vers la vingtième année, parce que l'os retient à ce niveau la nourriture pour son propre développement. »

IV

LE CŒUR

L'étude des « parties dissemblables » tient, on le conçoit sans peine, dans la collection aristotélique, une place beaucoup plus grande que celle des parties similaires. L'histoire anatomique des organes n'est pas séparée de celle de leurs fonctions et nous ne les séparerons pas davantage.

Pour Aristote le plus important, le premier des organes est le cœur dont l'étude se confond avec celle du sang et des vaisseaux qui contiennent le sang. Il n'a aucune idée de la circulation telle que nous l'entendons aujourd'hui, ni même des deux sortes de sangs [1] si bien distingués par Galien; ceci toutefois est moins certain, un passage de la collection aristotélique semble peut-être y faire allusion. Toutefois le sang étant le propre aliment des organes il faut bien admettre un déplacement qui le porte vers eux. On trouve déjà dans Aristote cette comparaison, reprise plus tard par Galien, des veines avec l'appareil d'irrigation d'un jardin, où l'eau passe de canaux plus grands dans de plus petits et finalement poursuit son cours par les conduits invisibles du sol, d'où on la voit sourdre quand on creuse celui-ci, et où la puisent les racines des plantes (Des parties, III, § 5). De même le sang se répand dans le corps et coule quand on entame la chair. A la peau, les pores trop petits pour l'épaisseur du sang ne laissent transsuder que la sueur, encore faut-il pour cela que le sang s'échauffe, que les conduits où il est renfermé et les pores se dilatent (Des parties, III, § 5). Quant aux hémorrhagies spontanées, elles résultent d'une coction incomplète du sang, lorsque par défaut de chaleur propre il est resté trop fluide; il s'écoule alors par des pores qu'autrement il ne pourrait traverser, étant de sa nature composé d'Humide et de Terreux [1].

1. « On saigne du nez, des gencives, du fondement, surtout de la gorge sans douleur et sans effort. L'effort accompagne au contraire les hémorragies par les bronches » (Des parties, III, 5).

Nous avons déjà parlé du passage si important de l'*Histoire des animaux* qui nous fait connaître trois descriptions du système veineux d'après des anatomistes antérieurs, et celle moins imparfaite qu'il donne à son tour. Les plus anciens physiologues paraissent s'être généralement accordés à faire descendre toutes les veines de la tête [1]. L'observation des vaisseaux des tempes et du cou chez l'homme et chez les animaux, tels que le cheval, ont pu conduire à cette opinion, surtout en voyant le sang s'accumuler dans ces vaisseaux quand on comprime le cou, et en un temps où l'on n'avait aucune notion d'une force quelconque pouvant pousser le sang de bas en haut. Déjà cependant certains anatomistes faisaient du foie le point de départ des veines (*Des parties*, III, 4), opinion à laquelle se rattachera Galien. Mais pour Aristote le cœur seul est le centre et l'origine des veines : il n'est pas simplement traversé par elles (*Des parties*, III, 4), il est lui-même de nature veineuse, doctrine conforme aux données de la science moderne, qui ne voit dans le tissu du cœur qu'une modification locale du tissu des parois vasculaires.

« Le nombre des cavités du cœur est de trois, du moins chez les gros animaux [2], car les petits Sanguins (= Vertébrés) [3] n'en ont que deux et les très petits une seule (*Des parties*, III, 4). Des trois cavités du cœur l'une, la plus grande, est à droite et en haut; la seconde est placée à gauche relativement à la précédente, et la troisième entre les deux autres. De la grande cavité du cœur part la Grande veine (= veine cave ascendante et descendante). De la cavité moyenne part la veine dite « aorte » (*Hist. des Anim.*, III, III, 6) nom qui se trouve ici pour la première fois dans la science. Aucun

---

1. Le nom de « fontanelle », qu'a conservé le sommet du crâne, vient peut-être de cette antique croyance.

2. Dans la dissection officielle faite au Japon en 1795, dont nous avons parlé plus haut (voy. p. 17, n. 3), on ne trouva que trois cavités au cœur bien qu'on s'attendît à en découvrir quatre d'après les anatomistes occidentaux. Il est certain que quand on détache le cœur des vaisseaux auxquels il est suspendu, la flaccidité des parois des oreillettes, en l'absence de toute préparation spéciale et de toute injection, ne permet guère d'en bien apprécier l'étendue et les rapports. — Nous devons à l'extrême obligeance de M. Scheffer la communication d'un des manuscrits les plus intéressants de sa riche collection; c'est un traité d'anatomie écrit par Mansour-ben-Mohammed-ben-Ahmed pour Mirza-Pir-Mohammed, petit-fils de Tamerlan, mort en 1406. Ce manuscrit est du temps et contient les figures d'anatomie probablement les plus anciennes qui existent au monde. Le cœur y est aussi figuré avec trois cavités bien distinctes, une médiane plus grande et deux latérales, comme deux oreilles. Voy. *Note sur des figures d'Anatomie remontant à la fin du XIV* siècle. Soc. de Biologie, 10 mai 1884.

3. Voy. plus loin.

vaisseau n'est indiqué comme partant de la cavité située à gauche [1].

La Grande veine est membraneuse, elle s'étend en haut et en bas ; l'aorte est plus nerveuse et finit même par n'être que nerf. Les deux vaisseaux se placent devant la colonne vertébrale. La Grande veine donne d'abord des branches qui vont au poumon [2]. Plus haut elle fournit les veines des aisselles pour les bras, et les veines jugulaires placées au cou de chaque côté de la trachée : quand on les comprime on provoque la syncope [3]. Elles remontent vers l'oreille et vers l'articulation de la mâchoire, pénètrent dans la tête et vont se répandre sur les méninges. Toutes ces divisions de la Grande veine sont accompagnées de divisions similaires de l'aorte, seulement en plus petit nombre.

Dans sa partie descendante la Grande veine traverse le foie, envoie des branches à la rate, à l'épiploon, au pancréas, au mésentère. L'aorte envoie de même des branches au mésentère, mais plus grêles et comme fibreuses. Elle n'envoie aucune branche au foie ni à la rate. Nous concevons que l'artère hépatique, d'un très petit calibre et tout à fait disproportionnée au volume des veines du foie, ait échappé à ces premiers observateurs, mais c'est par analogie sans doute qu'ils ont méconnu l'artère splénique qui est volumineuse : la rate étant pour eux une sorte foie placé à gauche [4], on devait trouver tout naturel qu'il ne reçût point d'artère, puisque l'autre foie, le véritable, n'en a pas.

Dans le voisinage du cœur l'aorte est plus fortement reliée que la Grande veine au rachis par des veines nerveuses (= artères intercostales) d'un petit volume. Plus bas la Grande veine est placée un

---

1. Malgré les deux points de repère donnés par l'origine des veines caves issues de la grande cavité, et de l'aorte issue de la cavité moyenne, la détermination des trois cavités du cœur d'après la description aristotélique, même en admettant que le manuscrit n'a subi aucune altération, reste fort incertaine. En effet, on peut voir dans la « grande cavité » soit les deux oreillettes dont la mince cloison aurait échappé à l'attention ; soit, ce qui est peut être plus probable, l'ensemble du ventricule droit et de l'oreillette droite en large communication par l'orifice auriculo-ventriculaire de ce côté. Pour la cavité moyenne, d'où part l'aorte, il n'y a aucune difficulté, c'est bien le ventricule gauche. Quant à la cavité de gauche, ce sera selon l'interprétation donnée à la grande cavité, soit l'oreillette *gauche*, soit le ventricule *droit*, qui se trouve — surtout dans la partie de l'*infundibulum* — rejeté quelque peu à gauche.

2. Selon qu'on interprétera « la grande cavité » comme formée des deux oreillettes, ou formée du ventricule et de l'oreille droits, ces branches que la grande veine donne au poumon, seront les veines pulmonaires partant de l'oreillette gauche ou les divisions de l'artère pulmonaire partant du ventricule droit.

3. « Ceux qui sont saisis par les veines du cou deviennent insensibles » (*Sommeil*, II, § 5).

4. Voy. plus loin, chap. VII.

peu en arrière de l'aorte. Enfin, vers les reins, toutes deux s'attachent plus intimement à la colonne vertébrale, en même temps qu'elles se divisent l'une et l'autre à la manière des branches d'un Λ. Vers ce niveau la Grande veine et l'aorte donnent aussi des vaisseaux aux reins (= veines et artères rénales) et de plus envoient chez la femme beaucoup de petits vaisseaux à la matrice (*Gen.*, II, 46) [1]. Au-dessous du double Λ les branches de celui-ci fournissent des ramifications aux organes voisins et finalement s'enfoncent dans les membres inférieurs.

Cette description des veines, empruntée à l'*Histoire des Animaux*, se retrouve résumée dans ses lignes les plus générales au traité *Des parties* (III, 5) [2]. Toutefois dans celui-ci, ouvrage beaucoup plus scientifique, il n'est fait aucune mention de l'origine extraordinaire des veines du pli du coude, dont l'arrangement n'avait d'intérêt que pour les médecins à cause de la saignée [3]. L'origine de ces veines telle que la donne l'*Histoire des animaux*, est double; elles se composent à la fois : 1° de la veine de l'aisselle et d'une veine descendant de la tête pour se réunir à elle (c'est la veine que nous appelons encore « céphalique ») ; 2° d'une autre veine venant de l'hypochondre correspondant et qu'on appelait « veine splénique » au pli du coude gauche, et « veine hépatique » au droit [4]. On les saignait l'une pour les maladies du foie, l'autre pour les maladies de la rate, sans doute d'après des vues empiriques fort anciennes, qui avaient à la longue fait admettre ce trajet compliqué.

Aristote avait vu dans l'œuf du poulet le cœur apparaître comme premier point mobile et vivant; de même le cœur sera le dernier à mourir, car l'un est la conséquence de l'autre (*Gen.* II, 78). Le cœur n'est pas seulement l'origine des deux espèces de veines, il est le

1. Peut-être les artères ovariques. Tout ce qui a rapport à la distribution du sang dans le bassin est assez obscur. Ainsi, il est parlé de deux canaux partant de l'aorte et allant à la vessie, forts et continus (ἰσχυροὶ καὶ συνεχεῖς); faut-il y voir les artères ombilicales? D'autres vaisseaux sont aussi indiqués comme venant du fond des reins et sans communication avec la Grande veine : s'agirait-il ici des uretères qui devaient être pourtant bien connus et qui sont d'ailleurs décrits dans un autre passage?

2. Une indication sommaire du rôle des veines et du cœur reparaît encore à la fin du traité *Du sommeil* (III, § 18), mais assez obscure.

3. La saignée était certainement pratiquée sur beaucoup de veines, mais celle au pli du coude paraît avoir eu dès ce temps une valeur particulière.

4. « La veine issue de la Grande veine et qui traverse le foie (= veine sus-hépatique ou veine porte?) donne une branche qui remontant à l'aisselle dans le bras droit va rejoindre les autres veines du pli du coude (*Hist. des anim.* III, iv). A gauche, une portion de la Grande veine se ramifiant de la même façon remonte dans le bras gauche, seulement tandis que la première était bien celle qui traverse le foie, la seconde reste distincte de la veine splénique; néanmoins les médecins l'appellent *splénique* et l'autre *hépatique*.

centre même de l'être, le point de départ et l'aboutissant de toute sensation et de tout mouvement, le siège de la formation du sang (*Des parties*, III, 4), la source de sa chaleur et de sa limpidité (*Des parties*, III, 5) [1].

Dans le système d'Aristote la vie a ses conditions organiques nécessaires. Tout animal possède les mêmes organes essentiels ou du moins leurs équivalents : « le cœur ou ce qui en tient lieu, le sang ou ce qui en tient lieu » sont des formules qui revinrent à chaque instant. De même, les parties qui se correspondent, sont disposées chez tous les animaux dans un ordre identique. Or il est de règle que le principe de l'âme nutritive, de la psyché trophique occupe toujours le milieu du corps, la région du cœur, entre la partie qui prend la nourriture, c'est-à-dire le haut, et la partie qui la rejette, c'est-à-dire le bas. On prouve qu'il en est ainsi par ce fait que certains animaux comme les guêpes et les scolopendres auxquels on a enlevé deux de ces parties — la tête qui prend, l'abdomen qui reçoit la nourriture — continuent de vivre par la partie centrale (le thorax de la guêpe, les anneaux médians de la scolopendre). Si cette partie centrale finit par mourir, c'est qu'elle n'a plus les organes nécessaires à sa nutrition. Et le philosophe ajoute cette pensée, que certains zoologistes de nos jours accueilleront comme une prévision de leurs doctrines : « Les animaux qu'on peut ainsi diviser, doivent-être considérés à peu près comme plusieurs animaux soudés ensemble (*De la Jeunesse*, II, 9). » Un physiologiste, Dugès, faisant il y a un demi-siècle des expériences dans cette direction, est arrivé à peu près aux mêmes conclusions c'est-à-dire à envisager le corps de l'insecte, au point de vue fonctionnel, comme formé de plusieurs segments doués chacun d'un certain degré d'individualité. Aristote, chez qui la notion de perfectionnement organique est toujours très vive, ajoute que « les animaux supérieurs ne présentent plus le même phénomène parce que leur nature est *une* au plus haut degré possible. Toutefois on peut voir certaines parties qui, même séparées, montrent des restes de sensibilité, parce qu'elles éprouvent encore une sorte d'affection analogue à celle que l'âme (centrale) percevrait. Ainsi les viscères peuvent être arrachés et l'animal faire encore des mouvements, comme les tortues qui remuent après qu'on leur a enlevé le cœur, c'est-à-dire le principe même et le centre de la vie. Mais aucun animal ainsi mutilé ne se refait comme la plante, où le principe de vie est en quelque sorte disséminé dans tout l'être. »

1. « Le cœur est essentiellement la source de chaleur du corps entier, abritée là comme dans une forteresse au siège même de la force trophique ».

Aristote croit que le sang se forme d'abord dans le cœur. Dès le troisième jour de l'incubation, il a reconnu cet organe (*Des parties*, III, 4) à la couleur que lui donne le sang apparu sous sa paroi transparente, et à ses battements [1]. Mais le cœur continue-t-il de secreter le sang pendant le reste de la vie? certains passages de la collection aristotélique semblent attribuer cette *sécrétion* à l'ensemble des veines, qui formeraient le sang aux dépens de l'aliment puisé par celles du mésentère dans l'estomac et la première partie de l'intestin. On doit se figurer les particules de cet aliment sublimées en quelque sorte, gagnant les régions supérieures de la tête par les deux veines du cou (= jugulaires et carotides) issues de la Grande veine et de l'aorte, et qui vont se terminer dans les méninges en enveloppant l'encéphale d'un fin réseau de vaisseaux. Mais l'encéphale est un organe essentiellement froid; aussi, de ces hauteurs froides, comme d'un sommet nuageux, l'aliment retombe en courants qui se répandent dans tout le corps, de même que la pluie résulte des vapeurs montées dans l'atmosphère. Ces courants sont ceux du flegme et de la lymphe (*Des parties*, III, 7) [2]. D'après cette comparaison — et les comparaisons nous éclairent souvent mieux qu'un pur exposé didactique — on doit penser que l'École se figurait l'aliment ayant subi une première coction dans les voies digestives, puisé là par les veines du mésentère sous la forme d'une vapeur, d'un brouillard, d'une fumée (selon l'expression encore employée pour le vin), et montant des intestins à la tête. Quant à ces courants — très lents — de sang ainsi chargé de vapeurs montant vers la tête, et de sang rafraîchi en descendant, il ne faut pas s'étonner de les voir se faire par les mêmes conduits. Galien admettra également ces circulations d'humeurs dans les veines en sens opposé, alternatives ou simultanées peu importe, en tous cas toujours très lentes. Les anciens, il ne faut pas l'oublier, n'avaient aucune idée du circulus qui permet le rapide déplacement du fluide contenu dans les vaisseaux, et s'imaginaient qu'il n'était renouvelé à leur intérieur que dans la proportion même où il se dépense dans les organes. Aristote ne dit nulle part d'une manière formelle que le sang soit en mouvement; la comparaison qu'il fait du système vasculaire avec une canalisation d'arrosage autorise seule à penser

---

1. Les embryogénistes savent aujourd'hui que le sang se forme en réalité hors du corps de l'embryon, d'où il pénètre dans le cœur ; c'est à partir de cet instant qu'on distingue aisément celui-ci.

2. Il est toujours très difficile de déterminer exactement les humeurs qui sont désignées par les anciens sous ces noms de flegme et de lymphe ; dans le passage que nous citons, le flegme est peut-être simplement le mucus nasal.

que déjà les idées si bien exposées plus tard par Galien, commençaient à se faire jour.

Le cœur est le principe de tout mouvement. C'est d'abord parce qu'il est le premier organe en mouvement chez l'embryon, et qu'il reste en mouvement toute la vie, mais c'est aussi parce qu'on y trouve des tendons (= cordes tendineuses) analogues d'aspect à ceux qui font mouvoir les membres. On ne doit pas perdre de vue que l'aorte, les veines nerveuses qu'elle donne, les nerfs, les tendons, les ligaments, que tout cela se confondait dans les esprits d'alors et ne constituait qu'une seule catégorie d'organes.

Dans les derniers chapitres du traité *De la respiration* qui n'appartiennent probablement pas à l'œuvre primitive d'Aristote, trois ordres de mouvements sont attribués au cœur : 1º la palpitation, 2º le pouls, 3º la respiration. — La *palpitation*, ce sont les battements ressentis contre la paroi de la poitrine. Les parties supérieures du corps et la tête étant le siège d'un refroidissement constant, la chaleur vient se concentrer vers le cœur et y produit cette agitation. — Le *pouls* est un battement analogue à celui qu'on sent dans les abcès. L'auteur aristotélique, comme on le voit, n'a aucune idée de la dépendance des deux phénomènes et les croit seulement de même ordre. Dans l'abcès, ce battement est une sorte d'ébullition qui cesse quand l'humeur est évacuée. De même le pouls du cœur est un gonflement causé par la chaleur dans l'humeur qu'y apporte sans cesse la nourriture. Ce mouvement est continuel, parce que l'humeur dont se forme la nature du sang, y arrive sans interruption. Enfin ce mouvement se communique à toutes les veines, c'est-à-dire — il faut bien l'entendre ainsi — aux parois de toutes les veines; il est partout simultané (*Resp.*, XX)

Nous laissons de côté le *mouvement respiratoire* dont le cœur serait également le principe. Il semble en définitive résulter de tout ceci, qu'on distinguait dans le cœur deux mouvements : celui par lequel il frappe la paroi de la poitrine (= par lequel la pointe du cœur se relève), c'est la palpitation; et en second lieu un mouvement d'expansion et de retrait (= diastole et systole) qui se communique aux parois des vaisseaux et qui est l'origine du pouls où le sang ne joue par conséquent aucun rôle. Galien partagera cette erreur : tout en reconnaissant que les battements du cœur sont l'origine du pouls, il croira que les parois vasculaires sont l'unique agent de transmissions de ces mouvements et il s'appuiera, pour penser ainsi, d'une expérience capitale qu'il institue. Il remplace un bout d'artère par un tuyau et voit qu'au delà l'artère ne bat plus : il en conclut que les battements sont propres aux parois des vaisseaux. On peut supposer que Galien opéra sur le mouton dont le sang se coagule avec une extrême facilité et qu'il employa un canon de roseau rugueux à l'intérieur et qui dût encore activer la prise du sang. Quelle révolution eût faite dans la biologie cette expérience qui mérite de rester célèbre, si Galien avait eu à sa disposition, comme nous, des tubes de verre où la coagulation ne serait pas survenue aussi vite et ne l'eût pas induit dans une erreur qui ne devait être effacée que bien des siècles plus tard?

Ajoutons pour compléter ce qui a trait au cœur dans la collection aristotélique les indications suivantes : Le cœur présente une sorte de division (= sillon séparant les ventricules?) très prononcée chez les êtres d'essence plus délicate, moins marquée chez les êtres apathiques comme le Porc. Les animaux craintifs ont le cœur gros : le Lièvre, le Cerf, la Souris, l'Hyène, l'Ane, la Panthère, le Putois (*Des parties*, III, 5). En effet la grosseur et la petitesse du cœur, sa dureté et sa mollesse indiquent des différences dans le caractère : cela vient de ce qu'il protège alors plus ou moins la chaleur propre au sang. N'oublions pas que toutes ces expressions que nous employons encore, de « sang froid, chaud, bouillant, » n'ont pas été toujours des métaphores et ne sont passées dans le langage figuré qu'après avoir exprimé des faits plus ou moins imaginaires, mais réputés réels, et professés comme autant de vérités scientifiques.

V

LE DIAPHRAGME, LES SENS

L'histoire du diaphragme et des sens se relie intimement, dans Aristote, à celle du cœur, de même que l'étude des centres nerveux doit être reportée à côté de celle du poumon.

Aristote décrit assez exactement, le diaphragme avec ses bords charnus, son centre membraneux (= tendineux), sa courbure. Cet organe existe chez tous les animaux ayant un cœur et un poumon; il sert à isoler le cœur du ventre, de façon que le siège de la psyché pensante ne ressente aucun dommage et ne soit que difficilement affecté par les vapeurs et la chaleur étrangère provenant du contenu de l'estomac. C'est en absorbant ces vapeurs que le diaphragme réagit sur l'intelligence et le sentiment, bien qu'il n'ait aucune part directe aux deux facultés en question. Mais, placé au voisinage des parties où elles siègent, il peut les influencer et il les influence en effet (*Des parties*, III, 10). C'est encore du diaphragme que provient le rire. Quand on chatouille les gens, c'est lui qu'on met en mouvement, appréciation fort juste sur un point de physiologie peu étudié et demeuré très obscur.

Dans la physiologie aristotélique, le centre de toute sensation est le cœur ou plutôt le voisinage, les environs du cœur. Cette opinion ne doit pas nous étonner; n'est-ce pas là, en somme, que nous ressentons *par action réflexe* des mouvements dont le siège véritable est dans les centres nerveux eux-mêmes, absolument insensibles? Il est tout naturel que l'homme ait d'abord placé le siège des sentiments violents qui l'agitent, là où il en éprouve les effets, et le Catholicisme a continué en ceci les errements de la science ancienne quand il a institué le culte du Sacré-cœur.

Pour Aristote, le sang dont le cœur est rempli, ne sent pas. Mais il remarque assez justement à ce propos que toutes les parties sensibles du corps contiennent du sang [1]. Le cœur qui est le pre-

---

1. La règle posée par Aristote ne souffre que très peu d'exceptions : on peut citer la cornée, très sensible et qui ne reçoit pas de capillaires.

mier organe ayant du sang sera donc le premier sensible : le principe de la sensibilité réside là.

La collection aristotélique comprend un ouvrage spécialement consacré à la théorie générale de la *sensation* : il mérite peu de nous arrêter. Nous ne voulons retenir sur ce point que l'appréciation suivante tirée d'un autre traité et qu'un physiologiste moderne pourrait contresigner : « La sensation consiste à être mû et à éprouver quelque chose, elle paraît être une sorte d'altération que l'être supporte » (*Ame*, II, v. 1). Nous disons aujourd'hui que la sensation résulte toujours d'un changement d'état ou d'une altération de l'organe sensible : c'est au fond la même pensée en d'autres termes.

Aristote classe les sens en deux catégories, qu'on pourrait appeler « les sens médiats » et « les sens immédiats ». D'une part ceux qui reçoivent des objets extérieurs un mouvement transmis par l'air ; dans cette catégorie se placent les yeux, l'oreille et l'odorat. D'autre part ceux qui exigent le contact même des corps sensibles, comme le toucher et le goût. Ces derniers, les sens immédiats, sont les plus importants, au moins pour la vie de l'individu ; aussi sont-ils inhérents en quelque sorte au corps lui-même ou à ses parties, et en rapport direct avec le cœur (*Jeunesse*, III, 6) [1]. Les autres sens au contraire ont des conduits. Ceux de l'odorat et de l'ouïe donnent passage à l'air atmosphérique (ἀέρα), et communiquent d'autre part avec les veines reliant le cœur au cerveau. La vue est le seul sens qui ait un organe spécial, humide et froid, sécrétion la plus pure des parties qui avoisinent l'encéphale, mais en rapport lui aussi par des conduits (= nerfs optiques) avec les méninges (*Gen.* II, 97) [2].

Cette classification des sens d'Aristote en deux groupes, l'un comprenant le goût et le toucher, l'autre embrassant les trois sens médiats, était alors des plus légitimes. Nous savons aujourd'hui que la sensation olfactive résulte d'un *contact* de particules matérielles, absolument comme la sensation gustative, et nous avons rapproché le goût et l'olfaction. Mais pour Aristote l'odeur est encore un *mouvement* de l'air, il classe donc l'odorat avec les deux sens supérieurs, et par des raisons tout aussi bonnes il réunit le goût au toucher. En premier lieu, comme nous venons de le dire, le goût et le toucher exigent le contact des corps, tandis que les trois autres sens supposent au contraire l'objet sensible à distance. De plus, la

1. Peut-être par les veines : « Tous les canaux des sens vont au cœur » (*Gen.* V. 28).
2. Certains physiologues et peut-être les pythagoriciens (voy. p. 3) avaient déjà placé le principe du sens de la vue dans l'encéphale. Au reste, cette relation de l'œil et de l'encéphale a dû être connue de très bonne heure (voy. *Sens*, II, 12).

langue, avec laquelle nous goûtons, partage les qualités tactiles de la peau, elle apprécie mieux encore que celle-ci le mou et le dur, le doux et le rude, le froid et le chaud. La peau au contraire ne goûte pas, et c'est pour cela qu'Aristote voit là deux sens bien distincts. Le toucher et le goût, essentiels à la vie de l'individu, sont universellement répandus chez les animaux : le toucher pour une série de raisons longuement exposées au traité *De l'âme*, le goût en vue de l'alimentation (*Sens.* I, § 8). Tous les animaux doués de mouvement ont en plus l'odorat, l'ouïe et la vue pour assurer leur conservation (*Sens.* I, § 9), et pour servir l'intelligence chez ceux qui possèdent cette faculté.

Les sens médiats, c'est-à-dire la vue, l'ouïe et l'odorat ont deux modes (*Gen.*, V, § 24-28), ils apprécient : 1º des différences dans l'objet sensible; 2º la distance à laquelle se trouve cet objet. L'œil par exemple sera plus ou moins capable de voir à toute distance, ou bien il sera capable de distinguer plus ou moins nettement (à la distance normale). On dit dans un cas que la vue est « perçante », et dans l'autre qu'elle est « aiguë ». Ce n'est pas la même chose, et les deux modes ne se trouvent pas toujours réunis chez la même personne. Il faudra donc distinguer la *finesse* du sens et l'*étendue* du sens. En général l'Homme est moins bien doué sous le rapport de l'étendue de ses sens que de leur finesse. Celle-ci dépend de l'organe lui-même et de la pureté de ses membranes; l'étendue du sens dépend au contraire surtout des parties externes qui le protègent. S'abriter les yeux de la main ou se servir d'un tube ne fera pas mieux discerner les couleurs et n'augmentera pas la finesse du sens, mais augmentera son étendue, car de cette façon on verra mieux au loin, par la même raison qu'on distingue les étoiles du fonds d'un puits [1] (*Gen.*, V, 25). Cette distinction ne doit pas trop nous étonner, et comme il arrive souvent l'erreur aristotélique repose sur des faits d'observation exacts mais mal interprétés. On avait remarqué que ceux qui n'y voient pas de loin, ont les yeux saillants (ἐξόφθαλμα), ce qui est en général exact, cette disposition coïncidant d'ordinaire avec une myopie prononcée. On supposa dès lors le contraire pour les personnes qui ont les yeux renfoncés. Chez elles, disait-on, le

---

1. « Si un animal a les yeux fortement abrités, même alors que les humeurs de la pupille ne seraient pas pures et propres à recevoir et transmettre les mouvements du dehors (= vibrations lumineuses), même alors que la membrane de la surface de l'œil n'aurait pas la minceur voulue, même alors que par suite l'animal ne distinguerait pas bien les couleurs : s'il a les yeux fortement abrités, il sera plus capable de voir loin que ceux qui auraient la pureté des humeurs de l'œil et de la membrane qui les recouvre, sans avoir aucun abri au-dessus des yeux. »

« mouvement » émané de l'objet visible ne se perd pas sur les côtés et va droit son chemin (*Gen.*, V, 27) : la vue de l'homme serait pour ainsi dire sans limites si on pouvait étendre un tube de l'œil à l'objet considéré le plus lointain, parce qu'alors l'excitation venant de cet objet ne s'égarerait pas (*Ibid.*)

Tout cela n'est pas d'ailleurs spécial au sens de la vue. Ainsi l'odorat sera plus étendu chez le chien de Laconie, notre lévrier, à cause de la longueur de son museau qui protège mieux l'organe olfactif; les animaux à longues oreilles entendront de plus loin, par le même motif qu'on voit de plus loin avec un tube (*Gen.*, V, 33). Ces raisonnements ont dû paraître irréfutables en leur temps, et il est probable que nous en faisons aujourd'hui beaucoup dans les sciences, que nous croyons étayés d'excellentes raisons et qui sont tout aussi peu solides.

La vue. — Le toucher et le goût sont, pour Aristote, les sens de la conservation par excellence et comme tels appartiennent à tous les animaux doués de mouvement, tandis que la vue est essentiellement le sens de l'intelligence. Cette appréciation est tout à fait justifiée; la vue ne nous fait-elle pas connaître l'intangible sidéral et l'intangible microscopique? fournissant à notre esprit sur la structure intime des corps et l'étendue de l'univers des notions directes qu'aucun autre sens ne peut, dans l'état actuel des sciences, nous fournir même par voie détournée. Sans invoquer ces arguments modernes, il suffisait que la vue, pour justifier le rôle éducateur que lui attribue le Stagirite, fasse percevoir les propriétés communes des corps, c'est-à-dire la figure, la grandeur, le mouvement, le repos, le nombre, toutes notions pour lesquelles ce sens se substitue en quelque sorte au toucher et l'abrège; et il a en plus la fonction de distinguer les couleurs, c'est même là « l'objet propre du sens de la vue » (*Ame*, II, VI, 2-3).

La vue, avons-nous dit, résulte d'un mouvement communiqué à l'air par les objets, et transmis jusqu'à l'œil. Démocrite prétendait que le manque de diaphanéité des milieux nous empêche seul de voir à grande distance et que si l'espace devenait vide, on verrait parfaitement une fourmi dans le ciel. Aristote réplique que si le vide existait, on ne verrait rien du tout, puisque l'intermédiaire manquerait pour propager à l'œil le mouvement provenant du corps lointain (*Ame*, II, VII, ? 6).

Quant à la nature, et même à la direction dans laquelle se propage ce mouvement, on ne s'entendait pas très bien. Émane-t-il exclusivement de l'objet? Aristote n'en paraît pas persuadé et ne voit pas une grande différence à expliquer ainsi la vue, ou à reconnaître, comme le voulaient certains physiologues, une force visuelle émanant de l'œil [1] et allant en quelque sorte prendre l'empreinte de l'objet, ou bien encore à s'arrêter à un système mixte, à une combinaison entre ces rayons émanés de l'organe et ceux provenant des objets extérieurs.

Cette force visuelle émanant de l'œil, à laquelle avaient cru les anciens physiologues et dont les aristotéliciens ne répudient pas d'une manière absolue l'existence, c'était probablement à l'origine le reflet lumineux qu'on voit dans l'organe et qu'il « lance ». Empédocle dépassant peut-être sa pensée pour les besoins de la Muse, avait comparé l'œil à une lanterne [2] : Aristote n'a pas de peine à le réfuter en disant que dès lors nous devrions y voir dans l'obscurité si l'œil éclairait les objets en même temps qu'il nous les montre.

Empédocle, comme nous l'avons dit plus haut, admettait la nature ignée du sens de la vue ou de l'œil, car c'était tout un. Les raisons qu'il invoque ne devaient pas être sans force pour le temps. Il a certainement fait valoir ce point lumineux qui brille sur la cornée et qu'on croyait probablement émis par l'organe. Nous savons aujourd'hui que c'est un simple effet catoptrique dû aux surfaces sphériques des milieux de l'œil; mais on ne connaissait point alors tout cela, et il est assez piquant de voir l'auteur du traité *Des sensations* (II, 6) prendre soin de rappeler, pour justifier ses doctrines nouvelles, que même au temps de Démocrite, bien après Empédocle par conséquent, la théorie des images ou si l'on veut des miroirs, était encore fort peu avancée, tandis que depuis elle avait fait d'importants progrès.

Il faut surtout se rappeler qu'Empédocle connaissait les phosphènes [3], ces lueurs qu'on perçoit dans l'œil en le comprimant ou quand il reçoit un coup, alors qu'on y voit, selon l'expression populaire, trente-six chandelles. Comment douter que ces lumières aient leur siège dans l'œil? Ceci nous ramène à la lanterne, et on voit que

1. L'auteur du traité *Des rêves* n'est pas tellement détaché de cette opinion qu'il ne relate longuement le fait des femmes qui ont leurs règles et dont le regard ternit les miroirs (*Rêves*, II, § 8).

2. Quand Aristote emploie à son tour la même comparaison (*Gen.*, V, 21) c'est seulement pour laisser entendre que l'œil ne saurait voir quand les membranes sont opaques, pas plus que la lanterne ne saurait éclairer quand la corne n'en est pas transparente. Il est possible que le nom de la cornée soit un souvenir persistant de cet antique rapprochement fait par les physiologues, de l'œil avec une lanterne.

3. La collection aristotélique en divers passages semble confondre les phosphènes avec l'amblyopie, provoquée également par des déformations ou des mouvements imprimés à l'œil ouvert (*Sens*, II, et *Gen.* V, 17).

les anciens physiologues pouvaient faire valoir des raisons excellentes pour le temps [1] en faveur de la nature ignée du sens de la vue.

Démocrite, avons-nous dit, soutenait au contraire la nature aqueuse de l'œil, et Aristote, qui suit ici l'Abdéritain [2], en donne cette raison décisive que quand l'œil fond, c'est de l'eau qui en coule. Mais tout semble indiquer que Démocrite, aussi bien qu'Empédocle, regardaient la surface lisse de l'œil (la cornée), comme sa partie sensible recevant les images à la façon d'un miroir bien poli (*Sens*, II, 6). C'est peut-être à Aristote que revient le mérite d'avoir reporté le premier au fond de l'œil le siège de son activité propre : « le mouvement transmis à travers les milieux transparents de l'œil va impressionner la surface lisse du noir de l'œil (= rétine, choroïde) [3], et former l'image. » Une surface lisse est, en effet, la condition nécessaire pour la production de toute image [4]. Mais ceci, ajoute Aristote, ne saurait suffire à expliquer la sensation. L'œil n'est pas un simple miroir, on y trouve en plus un facteur qui n'existe pas dans le miroir, ni dans aucun corps lisse; réfléchir une image n'est pas voir; le fond de l'œil réfléchit l'image, mais de plus le fond de l'œil voit (*Sens*. II, § 9.)

Quelques-uns des phénomènes rétiniens si curieusement étudiés de nos jours n'échappent pas à notre philosophe. Il sait « qu'une forte excitation en empêche une faible (*Gen*. V. 18). Si on détourne le regard de couleurs vives (ἰσχυρός), on est ébloui comme quand on va du soleil dans un endroit sombre. Un état d'excitation antérieure de l'œil empêche donc des excitations ultérieures. Certain passage du traité *Des Rêves* en indiquant que l'œil reporte sur un objet nouveau la couleur de l'objet qu'il vient de quitter, en signalant les sensations qui suivent la fixation du soleil ou d'un objet brillant [5],

---

1. On ne s'étonnera pas de ne pas voir invoquer ici la prétendue phosphorescence des yeux de certains animaux. Celle-ci n'a été découverte que très tard, il y a à peine deux siècles. Le traité *De l'Ame* (II, VII, § 4) nous donne une liste fort intéressante de corps produisant des lueurs dans l'obscurité et naturellement les yeux des félins n'y figurent pas. Ce sont : les champignons, la corne (κερας), les têtes de poissons, leurs écailles et leurs yeux.

2. « L'œil n'est ni d'essence aérienne, ni d'essence ignée » (*Gen*. V, 15).

3. « La lumière traverse les milieux aqueux de l'œil et va agir plus loin (*Sens*. II, § 9). La vue est transmise jusqu'au fond de l'œil comme jusqu'à l'extrémité d'une cire qui a reçu l'empreinte à la surface (*Ame*, III, XII). »

4. Les rêves, pour Platon, étaient des images se produisant sur la face lisse du foie.

5. « De même si nous arrêtons trop longtemps notre vue sur une seule couleur soit blanche, soit jaune, nous la revoyons ensuite sur tous les objets où, pour changer, nous portons nos regards; et si nous avons dû cligner les yeux en regardant le soleil ou telle autre chose trop brillante, il nous paraît aussi-

semble, malgré l'obscurité du texte, nous donner une première notion, quoique bien incomplète, des contrastes successifs et des images consécutives. Nous pouvons ajouter le déplacement apparent des objets immobiles quand on a longtemps fixé un corps en mouvement [1], dont notre philosophe s'occupe aussi.

Un passage ayant trait à un autre phénomène rétinien doit encore être noté. Si nous imaginons un homme placé dans l'obscurité la plus absolue, il aura, en ouvrant les yeux, sentiment que les ténèbres existent *devant* lui, il tournera la tête pour s'assurer qu'il en est entouré. C'est qu'en effet tout ce qui est en dehors du champ visuel n'est pour nous ni lumière ni obscurité, n'existe pas pour nous. Nous voyons donc en quelque sorte l'obscurité, nous la voyons dans notre champ visuel. Il est assez curieux de retrouver déjà formulée par Aristote cette donnée d'une physiologie presque subtile : « Les ténèbres sont invisibles et c'est cependant la vue qui les distingue » (*Ame*, II, x, § 3).

Ce qui nous reste à dire de l'œil a trait à son anatomie et offre beaucoup moins d'intérêt. Nous l'empruntons d'ailleurs à la fin du traité *De la Genèse*.

« A la naissance, tous les enfants ont les yeux bleus (*Genèse*, V, 12), en raison d'une sorte d'affaiblissement (*Gen.*, V, 13). » On verra plus loin ce qu'il faut entendre par là. « Cette nuance spéciale des yeux à la naissance et que l'âge modifie, est beaucoup moins marquée chez les animaux. Chaque espèce a généralement les yeux de la même couleur, les bœufs les ont foncés (μελανόφθαλμοι), les moutons les ont pâles (ἰδρς), chez les autres animaux, ils sont plus ou moins bleus (χαροπός). Les couleurs des yeux des hommes sont les suivantes : γλαυκοί, χαροποί, μελανοφθαλμοί, αἰγῶποί. » Il est assez difficile de traduire exactement ces termes, en particulier, cette dernière expression d'yeux de bouc : ce sont probablement les yeux roux. « La couleur des yeux dépend de l'abondance ou plutôt de la profondeur de leurs humeurs. Quand elles sont profondes, les yeux sont foncés, quand elles le sont moins, ils sont bleus, pour les mêmes raisons que la mer est bleu verdâtre (γλαυκος) quand il y a peu d'eau (comme sur les rives), et paraît au contraire noire ou bleue foncée (μελαν καὶ κυανοειδες) sur les grands fonds (*Gen.*, V, 15). Les yeux des enfants sont

tôt, quel que soit l'objet que nous regardions après, que nous le voyons d'abord de cette même couleur, puis ensuite qu'il devient rouge, puis violet, jusqu'à ce qu'il arrive à la couleur noire et qu'il disparaisse à nos yeux. »

1. « Même le mouvement seul des objets suffit pour causer en nous de tels changements. Ainsi il suffit de regarder quelque temps les eaux d'un fleuve et surtout de ceux qui coulent très rapidement, pour que les autres choses qui sont en repos paraissent se mouvoir (Trad. Barth.-St. Hil., *Des Rêves*, II). »

bleus parce qu'ils sont peu profonds (*Gén.*, V, 25). Toujours en vertu des mêmes motifs, les yeux bleus voient moins bien de jour et les yeux noirs de nuit (*Gen.*, V 17), parce que les yeux bleus étant moins profonds sont trop fortement excités par l'abondante lumière, et que les noirs sont trop profonds pour être traversés par les faibles lueurs de la nuit (*Gen.*, V, 18). La meilleure vue sera donc celle où les humeurs de l'œil ne sont ni trop rares ni trop abondantes (*Gen.*, V, 20). » Les qualités de vue faible ou bonne (αμϐλὸς—ὀξος), qu'il faut bien distinguer des qualités de finesse et d'étendue dont il a été parlé plus haut, dépendent pour Aristote de l'état de la membrane de la pupille (κόρη)[1]. Elle doit être mince, claire et lisse. Mince pour être plus facilement traversée par le mouvement propagé du dehors; claire ou hyaline (λευχος) pour que ce mouvement ne soit pas arrêté; lisse enfin parce que des plis la rendraient chatoyante. Chez le vieillard, la vue baisse parce que la membrane de l'œil, comme les autres, se plisse et devient plus épaisse. Enfin il existerait un certain rapport entre l'albinisme de l'iris qui fait les yeux vairons et la canitie amenée par l'âge. L'homme seul et le cheval peuvent être vairons (*Gen.*, V, 13), parce que seuls ils grisonnent (*Gen.*, V, 22). Ceci est une erreur, et les chiens en particulier offrent fort souvent la même difformité[2]. « On a au surplus les yeux bleus par la même raison que les cheveux blanchissent, par suite d'une coction incomplète des humeurs de l'encéphale, auquel les yeux sont reliés; les yeux vairons résultent d'une coction inégale à droite et à gauche (*Gen.*, V, 23). »

L'ouïe. — « De même que la vue a deux modes, mais nous sert surtout à percevoir les différences de couleur entre les objets, de même l'ouïe a pour principale fonction de nous faire connaître les différences dans les sons. Les aigus proviennent d'un mouvement intime plus rapide, les sons bas d'un mouvement plus lent. L'ouïe est indirectement le plus intellectuel de tous les sens[3] puisqu'elle permet l'instruction par le langage. Aussi remarque-t-on que les

---

1. Que faut-il entendre par cette membrane de la pupille κόρη? S'agit-il de la cornée ou du cristallin? Les altérations séniles dont il est ici question peuvent être soit des taies, soit des cataractes. D'autres indications pathologiques données en même temps ne sont pas plus claires : « le glaucome affecte davantage les yeux bleus, la nyctalopie les noirs. Le glaucome est une sécheresse; c'est pour cela qu'il frappe surtout les vieillards à l'âge où le corps se dessèche (*Gen.* V, 19); la nyctalopie au contraire se montre surtout dans le jeune âge au moment où l'encéphale est plus humide (*Gen.* V, 20, c'est-à-dire sans doute plus mou, plus diffluent.) »

2. « Vairon » se dit des hommes et des chevaux, d'après le *Dict. de Littré.* Mais Littré semble l'entendre seulement des individus âgés présentant un cercle blanchâtre au pourtour de la cornée. Il est question, dans le passage que nous citons, de la décoloration d'un des iris.

3. Voy. ce qui est dit plus haut de la vue, p. 56.

aveugles-nés sont plus intelligents que les sourds-muets (*Sens.* I, § 10). L'ouïe est comme la vue un sens médiat, aérien. La sensation résulte de l'ébranlement communiqué à la colonne d'air renfermée dans le conduit auditif. C'est pour cela que le Phoque entend, quoiqu'il n'ait que le conduit et point d'oreille externe (*Gen.*, V, 34) [1]. »

Aristote a peut-être quelque connaissance de la membrane du tympan [2]. Cette membrane toutefois n'empêcherait pas le mouvement communiqué à l'air de se transmettre jusqu'à la poitrine (sans doute par les veines [3]) jusqu'à la région où le pneuma (le souffle) donne naissance au pouls chez certains animaux [4] et chez d'autres à l'inspiration et à l'expiration (*Gen.* V, 29). C'est de là que le son revient en paroles; la parole n'est qu'une sorte d'écho des sons articulés ayant pénétré dans l'oreille. En tous cas le mouvement auditif se propage de l'oreille à la gorge (*Ibid.*). Aussi entend-on moins bien quand on bâille ou pendant le temps de l'expiration (*Gen.* V, 30) parce qu'alors les deux mouvements se contrarient [5].

L'odorat. — L'odorat est jusqu'à un certain point intermédiaire entre les sens comme la vue et l'ouïe qui perçoivent à grande distance, et les sens qui exigent le contact des objets, comme le toucher et le goût. Toutefois l'odorat se rapproche davantage des premiers. Les odeurs se partagent en odeurs douces et odeurs fortes. A la première catégorie appartiennent le miel et le safran; à la seconde, l'odeur du thym et des plantes aromatiques du même genre (= les Labiées).

L'odoration a lieu dans l'eau comme le démontre l'observation des poissons (*Sens.* V, § 2). Les insectes ont également l'odorat, bien qu'il soit difficile de comprendre comment des animaux qui ne respirent pas peuvent sentir (*Sens.* V, 13). Mais il n'y a aucun doute à cet égard. Nous avons rapporté plus haut des exemples qui le dé-

---

1. Aristote devait savoir que le Phoque peut fermer son conduit auditif : « Pour entendre sous l'eau, il ne faut pas que celle-ci entre dans le conduit par les circonvolutions (= sans doute les sillons et les excavations du pavillon) » (*Ame*, II, VIII. 6).

2. « On n'entend pas quand la membrane est malade (= peut-être s'agit-il simplement des parois du conduit auditif), de même qu'on ne voit plus quand la peau qui est sur la pupille de l'œil devient malade aussi (*Ame* II, VIII, 6). »

3. Voy. ci-dessus, p. 54.

4. Ce passage ne semble pas tout à fait conforme à la doctrine aristotélique. On n'oubliera pas que la plupart de ces indications sur l'ouïe sont extraites du Ve livre du traité *De la Genèse*. Voy. ci-dessus, p. 16.

5. Nous ne sommes plus si loin, comme on le voit, de l'opinion prêtée à Alcméon que les chèvres respirent par l'oreille et si nous étions mieux renseignés sur cette prétendue opinion du disciple de Pythagore (Voy. ci-dessus, p. 3, n. 2) peut-être y retrouverait-on le point de départ de la doctrine péripatéticienne sur l'origine de la voix.

montrent [1]. Pythagore professait, dit Aristote, que certains animaux se nourrissent seulement d'odeurs, on connaît au contraire des odeurs nuisibles : celle du charbon appesantit et fait mourir l'homme, celle du soufre et des corps résineux tels que l'asphalte font fuir et tuent les animaux » (*Sens*. V, § 15) [2].

Le goût. — Aristote n'a pu méconnaître une certaine corrélation entre l'odorat et le goût (*Sens*. V, § 2). Cependant — et nous avons dit plus haut pour quelles raisons — il classe celui-ci à côté du toucher, ces deux sens étant les seuls qui exigent le contact des objets extérieurs. Le sens du goût est en rapport avec l'opposition « doux » et « amer », comme la vue avec l'opposition noir et blanc. Il faut entendre par là que de même que toutes les couleurs résultent d'une proportion variée de noir et de blanc, de même toutes les saveurs ont pour origine une proportion variée de doux et d'amer ; et dans l'un et l'autre cas on reconnaît 7 degrés comme pour les sons. On prouve cette origine par l'incinération des substances sapides, qui donne des cendres amères (= alcalines). On en concluait que ce principe amer est masqué dans la substance par une surabondance de principe doux que le feu élimine. On était au reste fort partagé sur tout cela. Certains physiologues voyant les fruits mûrir grâce à l'eau qu'ils puisent dans la terre, regardaient celle-ci comme le principe de toute saveur ; d'autres voyant le fruit (les figues, les raisins) se charger de sucre quand on les fait sécher au soleil, attribuaient à la chaleur, le rôle important dans la production des saveurs. Ces détails toutefois appartiennent plutôt à la physique qu'à la physiologie aristotélique où la connaissance du goût était proportionnellement tout aussi peu avancée que de nos jours.

Le toucher. — Aristote saisit très bien la grande différence qui sépare le toucher des autres sens. Tandis que ceux-ci ne nous donnent que la notion d'oppositions d'un seul genre, même l'ouïe — car on peut rapporter au bas et au haut d'autres contraires comme le fort et le faible, le rude et le doux dans la voix —, seul des quatre sens, le toucher a cette supériorité de nous faire apprécier directement plusieurs genres de contraires : le chaud et le froid, le sec et l'humide, le dur et le mou (*Ame*, II, IX, § 2) [3]. Le sens du toucher est en effet le seul qui nous donne des notions irréductibles, comme

---

1. Voy. p. 19.

2. Les mêmes indications sont données en termes à peu près identiques au traité *De l'Ame* (II, IX, 5-6).

3. Nous avons déjà fait connaître le remarquable passage de la *Météorologie* (IV, IV) sur le sens du toucher comme mesure de la dureté des corps. Voy. p. 27, n. 2.

nous disons aujourd'hui, sur le nombre desquelles les physiologistes ne sont même pas d'accord.

Aristote, et cela se conçoit, est dans un embarras très légitime pour localiser le sens du toucher. A-t-il un organe intérieur ? Est-ce la chair (σάρξ) ? « Les trois premiers sens s'exercent en vertu de mouvements transmis à travers un milieu : c'est au point que le contact de l'objet sensible empêche toute sensation par les yeux, par l'oreille, par le nez. On ne voit, on n'entend, on n'odore que l'objet placé à quelque distance de l'organe. Au contraire, le sens du goût et le toucher exigent le contact. Le toucher est le sens du contact par excellence, et pourtant il semble que le contact ne soit pas toujours indispensable. Ne sentons-nous pas aussi bien à travers une membrane — disons pour rendre la pensée d'Aristote plus claire : à travers un gant —, qu'avec la peau nue ? » Et cela est tellement vrai, que si notre main se trouvait, sans que nous le sachions, revêtue d'un gant, nous n'en aurions aucune conscience. C'est ici qu'il est intéressant de voir comment les problèmes qui nous semblent les plus simples à résoudre, ont pu embarrasser à deux mille ans en arrière de nous les plus grands esprits. En réalité le problème n'existe pas puisque le gant se superpose simplement à l'objet, se moule sur lui et ne fait que reproduire au contact de la peau les particularités de la surface où il s'applique. Pour Aristote, désireux d'unifier la théorie des sens, ce gant, cette enveloppe dont la peau est recouverte, devient un milieu transmettant l'activité du corps extérieur comme le fait l'air pour les sens médiats. Et sur cette pente il ne s'arrête plus : la peau du corps ne doit-elle pas, elle aussi, être regardée comme une sorte de milieu transmettant la sensation tactile ? « D'une manière générale, dit-il, ce que l'air et l'eau sont pour la vue, pour l'ouïe et pour l'odorat, la chair et la langue semblent l'être pour le toucher, elles se comportent par rapport à lui comme chacun de ces éléments, l'air et l'eau, se comportent par rapport aux autres organes » (*Ame*, II, xi, § 9). C'est donc profondément à l'intérieur de nous-même qu'est placé l'organe qui sent l'objet tangible (*Ibid.*). Et cet organe est sans doute aussi la chair.

VI

LES MOUVEMENTS.

La physiologie des mouvements est beaucoup moins avancée chez Aristote que celle des sens. On a déjà vu qu'il ignore la fonction aussi bien que l'individualité des muscles : pour lui les *nerfs*, c'est-à-dire en général les tendons, sont les seuls organes du mouvement, comparables aux ressorts ou plutôt aux fils qui font agir une marionnette [1]. Mais il devine en quelque sorte la nécessité d'un centre moteur pour toute la machine. Il démontre fort bien que le principe du mouvement (l'excitation motrice, dirions-nous) ne peut pas être répandu dans tout le corps à la fois et qu'il ne réside pas plus à l'extrémité du bras dans la main, qu'à l'extrémité d'un bâton que tient cette main et qui obéit lui aussi au principe moteur. L'observation est assez juste dans sa forme pittoresque. Il faut donc de toute nécessité que le principe moteur soit localisé dans un organe central ; et celui-ci naturellement est le cœur ou ce qui en tient lieu chez les animaux qui n'en ont pas. Mais il semble que le passage du traité *Du principe général du mouvement* (X, § 5), auquel nous nous reportons, s'écarte ici sensiblement de la pure doctrine aristotélique. Car le cœur ne puise pas en lui-même et en lui seul cette excitation motrice qu'il transmet aux membres, il l'emprunte au mouvement respiratoire : « le souffle par sa nature est parfaitement propre à donner le mouvement et à communiquer de la force à l'animal. En effet, les fonctions diverses du mouvement consistent à pousser et à tirer, il faut donc que l'organe puisse à la fois se dilater et se contracter ; or c'est là précisément la nature

---

1. C'est pour cela qu'on est le plus fort dans la jeunesse, parce que les nerfs et les articulations (ἄρθροι, qu'il conviendrait peut-être de traduire ici par « ligaments ») sont plus forts. Dans l'enfance ils ne sont pas suffisamment tendus, et ils se détendent dans la vieillesse : ils sont par suite incapables du mouvement qui leur appartient (*Gen.* V, 87).

du souffle [1]. » Ceci ne semble point d'Aristote. C'est seulement plus tard qu'on fera jouer au *pneuma* un rôle capital en physiologie. Soit qu'il faille retrouver dans cette doctrine la trace des idées de Démocrite, soit qu'on en explique autrement les origines, il est certain qu'elle n'a pas tardé à se substituer dans le monde savant de l'antiquité, à la doctrine « cardiaque », comme on pourrait l'appeler, qui est la propre doctrine du Stagirite.

Aristote remarque que certains mouvements sont involontaires et il est possible qu'on doive lui faire honneur de cette distinction capitale en physiologie. Il cite comme exemple les mouvements du cœur et l'érection, qui sont, en effet, absolument soustraits à notre volonté. Il sait même ranger à part les mouvements dont nous ne disposons que dans une certaine mesure, comme ceux de la respiration; il classe dans la même catégorie le sommeil, peut-être par quelqu'un de ces rapprochements que faisaient les anciens et dont nous n'avons pas toujours la clé; peut-être à cause de ces mouvements des paupières ou de la tête, et des bâillements dont nous ne sommes plus tout à fait maîtres quand le sommeil nous envahit.

---

1. Trad. B.-S. H. — On pourrait à la rigueur retrouver dans cette doctrine le point de départ des idées qui règneront encore au temps de Descartes sur la contraction musculaire. Pour lui ou du moins pour l'éditeur de ses œuvres posthumes, les esprits animaux, qui sont aussi une sorte de souffle, sont versés par les nerfs dans les muscles qu'ils gonflent comme des ballons, et en provoquent par suite le raccourcissement.

VII

L'ENCÉPHALE, LE POUMON, LA VOIX.

Si le cœur est l'organe calorifique par excellence et communique sa chaleur au sang, deux autres organes dans le corps ont une fonction opposée, réfrigérante : ce sont l'encéphale et le poumon. Pour Platon, le maître d'Aristote, le cerveau et la moelle épinière n'étaient que la moelle des os du crâne et des vertèbres, comparable à celle qu'on trouve dans les os des membres. Il faudrait se bien garder de juger par le *Timée* des connaissances biologiques du temps où il fut écrit ; mais il est certain d'autre part qu'Aristote n'a rien connu du rôle du système nerveux. Galien constatera lui-même cette grande lacune de la science ancienne.

Aristote croit, nous ne savons par quelles raisons, le crâne vide en arrière dans la région de l'occiput (*Hist. anim.*, I, VII, 3, XIII, 2). Cependant il connaît le parencéphale (= cervelet) [1], les deux méninges, les nerfs optiques et leur entrecroisement, enfin deux autres conduits de l'orbite qu'il est plus difficile de déterminer [2]. Ces détails comptent certainement au nombre des plus intéressants que nous donne la collection aristotélique sur l'anatomie des animaux supérieurs.

[1]. L'encéphale ne s'appelle pas encore *cerveau*. C'est Galien qui lui donnera ce nom italiote (*cerebrum*) après avoir découvert que les Crabes ont le centre nerveux dans le ventre et qu'on ne peut, par conséquent, lui donner chez tous les animaux le nom grec d'encéphale. Galien prenait chez ces animaux le ganglion sous-œsophagien d'où il voyait partir les nerfs des membres, pour le représentant de l'encéphale des vertébrés.

[2]. Probablement l'artère ophthalmique et quelqu'un des nerfs qui se rendent à l'orbite. Voici au reste en entier ce très curieux passage : « De l'œil, trois conduits se rendent à l'encéphale ; le plus grand et le moyen vont jusqu'au cervelet, et le plus petit va dans le cerveau même ; le plus petit conduit est le plus rapproché du nez. Les deux plus grands dans l'un et l'autre œil sont parallèles et ne se rencontrent pas. Les conduits moyens se rejoignent. disposition qu'on remarque surtout chez les poissons ; car ces conduits moyens sont plus près du cerveau que les grands conduits. Les plus petits conduits s'éloignent le plus complètement l'un de l'autre, et ne se touchent jamais. »

La fonction de l'encéphale, avons-nous dit, est essentiellement refrigérante. On a vu l'aliment sublimé s'y condenser comme une vapeur pour retomber en glaires et en lymphe. On a vu le froid de l'encéphale produire la calvitie. C'est encore lui qui retarde aux premiers jours de la vie, l'ossification de la fontanelle (*Gen.* II, 99) [1]. Un passage du traité *De la jeunesse et de la vieillesse*, auquel nous avons déjà fait allusion, montre certains physiologues soutenant dès cette époque que l'encéphale est le siège des sensations. Aristote place expressément celui-ci dans le cœur ou au voisinage du cœur. Toutefois il admet que l'encéphale ou ce qui en tient lieu chez les animaux, est le siège du sommeil (*Du Sommeil*, III, 16). Cette opinion vient probablement de la lourdeur de la tête quand nous sommes pour nous endormir. On sait aujourd'hui qu'elle dépend de modifications dans l'activité des nerfs se rendant aux muscles qui maintiennent la tête droite. Mais les anciens pensaient que la tête augmente de poids en réalité; ils prenaient au propre ce mot « lourdeur » que nous employons encore au figuré [2]. Le fœtus dort dans le ventre de sa mère, comme nous le dirons plus loin, parce que le poids de sa tête est considérable : et elle est en effet relativement beaucoup plus volumineuse que chez l'adulte [3].

« Tous les animaux dorment, les Poissons, les Mollusques (= Céphalopodes), même les animaux qui ont les yeux durs, comme les Insectes; seulement ils dorment fort peu, ce qui a pu faire douter qu'ils aient cette faculté. Quant aux Testacés (= Mollusques gastéropodes et lamellibranches), il est difficile de se prononcer. »

On peut signaler à propos du sommeil un passage où Aristote montre très bien comment les moindres excitations extérieures se produisant sur l'homme endormi, prennent dans le rêve des proportions énormes : le plus petit bruit devient un tonnerre; on croit traverser des brasiers, parce qu'on a quelque légère cuisson à la peau, etc. (*Divination*, I, § 7.)

---

1. Voyez encore sur l'action refroidissante de l'encéphale, *Sommeil*, III, § 16.

2. Au traité *De la Genèse*, II, 101, nous trouvons cette remarque fort juste que le faible poids des paupières n'empêche pas qu'elles n'aient parfois une lourdeur considérable, comme on l'éprouve à l'approche du sommeil ou de l'ivresse ; les causes de cet alourdissement ne sont pas indiquées.

3. On lit ailleurs « qu'après le repas l'humide (nous dirions aujourd'hui « les vapeurs ») porté en haut alourdit l'encéphale, puis redescendant chasse la chaleur et cause ainsi le sommeil (*Sommeil*, III, § 5). Les enfants dorment beaucoup par l'abondance des vapeurs qui s'élèvent ainsi vers la tête, puis redescendant gonflent les veines et rétrécissent le larynx, d'où l'épilepsie, qui prend souvent pendant le sommeil (*Sommeil*, III, § 8) ». Il est assez difficile de saisir le lien de toute cette doctrine qui semble même assez différente de celle du maître.

Les deux poumons pour Aristote ne forment qu'un organe, un tout (*Des parties*, III, 6, 7), tels que nous les voyons suspendus à l'étal des tripiers au bout de la trachée-artère [1]. Dans l'Extrême-Orient encore aujourd'hui on fait la même confusion : la petite encyclopédie japonaise que nous avons sous les yeux [2], figure les deux poumons comme un organe unique à six lobes, à l'extrémité d'une trachée qui va en s'élargissant vers le bas, mais ne se divise point. L'échancrure médiane qui sépare les trois lobes de gauche des trois lobes de droite est seulement un peu plus profonde que les autres. Aristote ne fait exception que pour les Ovipares quadrupèdes et les Serpents chez lesquels, dit-il, le poumon est membraneux et semble double (*Des parties*, III, 7). Le poumon a pour fonction de refroidir le sang par le contact de l'air; chez les Poissons, qui ne respirent pas, ce refroidissement est accompli par l'eau dans les ouïes. Le poumon a en lui-même le pouvoir de se dilater et de se rétracter, c'est lui par conséquent qui pousse et soulève les parois de la poitrine. Quand il se dilate, l'air s'y précipite, quand il se rétracte l'air qui l'emplissait est chassé. Enfin c'est du cœur, source de tout mouvement, que le poumon reçoit son impulsion (*Des parties*, III, 6).

Nous avons déjà signalé le traité *De la Respiration* comme un des plus importants de la collection aristotélique. Il nous fait connaître cinq systèmes antérieurs à Aristote sur la respiration non seulement de l'homme, mais des poissons : ces systèmes sont ceux d'Empédocle, de Démocrite, de Diogène d'Apollonie, d'Anaxagore, et enfin celui de Platon dans le *Timée*.

En ce qui concerne les poissons, Anaxagore prétendait qu'au moment où ils rejettent l'eau par les ouïes, ils aspirent l'air, qui vient alors dans leur bouche parce qu'il ne peut y avoir de vide nulle part. Cela semblerait indiquer qu'Anaxagore n'envisage comme respiration des poissons que l'acte par lequel ils hument l'eau de la surface ou même l'air atmosphérique en forme de bulles qui ressortent par les ouïes. — Diogène d'Apollonie soutenait de son côté que les poissons, par les mouvements de leurs ouïes, tirent l'air de l'eau en raison du vide qui se fait dans leur bouche à ce moment. Diogène admet évidemment que l'eau contient de l'air, et peut-être croyait-il cet air susceptible de se dégager sous une

---

1. Il paraîtrait qu'au temps d'Aristote certaines personnes sinon les physiologues croyaient que des deux conduits du cou l'un sert aux aliments solides, et que par l'autre les boissons vont directement à la vessie. Aristote n'a pas de peine à montrer la fausseté de cette opinion en rappelant que les matières vomies sont colorées par le vin.

2. Voy. ci-dessus, p. 17, note 3.

forme visible dans la bouche des poissons comme ces bulles qu'on voit apparaître dans l'eau qu'on chauffe. Quoiqu'il en soit il ressort de tout cela, et c'est l'important, que plus d'un demi-siècle avant Aristote la question de la respiration des animaux aquatiques étai déjà l'objet de l'attention des physiologues : à plus forte raison sans doute celle de l'homme et des vertébrés supérieurs devait-elle les occuper. Une longue citation d'Empédocle nous fait connaître comment il expliquait le mécanisme de cette fonction chez l'homme. Aristote lui reproche de l'avoir localisée dans les narines; c'est ce qui semble résulter en effet du passage dont nous parlons. En cherchant à l'interpréter on voit que le poète physiologue admet des sortes de ramification de la trachée dans les narines; ceci s'explique d'ailleurs par le rapprochement qu'il fait des veines, des artères lisses (= carotides) et de l'artère rude (= trachée-artère) au cou. Tous ces conduits pour Empédocle contiennent du sang. Aristote sait, au contraire que la trachée-artère ne donne passage qu'à l'air ; c'est une découverte qu'il convient de placer en conséquence vers le temps de Démocrite et d'Hippocrate. Voici, selon toute apparence, comment on peut se figurer le système d'Empédocle. Les artères, la lisse (aorte) et la rude, cette dernière tout au moins, se ramifient vers les narines. Ces ramifications offrent des pores assez fins pour laisser passer l'air seulement et retenir le sang léger (τέραν) contenu dans les derniers tubes. Quand le sang monte, il chasse l'air, c'est l'expiration; quand il retombe dans les parties profondes, l'air se précipite pour le remplacer, c'est l'inspiration. Mais l'air ne dépasse pas les narines, il ne va pas jusqu'au poumon; les narines sont donc le lieu même de la respiration. Il n'est fait aucune allusion, dans le fragment d'Empédocle, aux mouvements du poumon et de la poitrine. Évidemment ils sont en rapport avec cette ascension et cette descente du sang léger, mais sont-ils effet ou cause? Nous ne le savons pas.

Le système de Démocrite aussi mal connu que celui d'Empédocle, n'est pas d'une exposition plus aisée. Il semble attribuer à la respiration le rôle prédominant dans la vie, dont elle serait comme le principe. L'âme (la vie) pour Démocrite, parait dépendre d'une multitude de corpuscules analogues à ceux que nous voyons flotter dans un rayon de lumière pénétrant par la fente d'un volet, toujours agités quelle que soit la profonde tranquillité de l'air. Cette opinion remonte peut-être à Pythagore (*Ame*, I, II, 4). Mais il ne faut pas croire qu'il s'agisse ici d'une image : ces corpuscules d'ordinaire invisibles, flottants dans l'air, que Démocrite déclare sphériques à cause de leur extrême mobilité (*Ame*, I, II, 12), sont bien réellement le principe même de la vie. L'enveloppe de notre corps est pleine de ces corpuscules, qui se déplacent sans cesse dans les vides entre les atomes qui le forment. Pendant l'état de veille ils sont tous refoulés vers la région du cœur. Quand ils s'échappent dans les membres, c'est le sommeil. La respiration, ou plutôt l'inspiration introduit sans cesse en nous un certain nombre de ces particules intangibles, qui s'opposent, par leur mouvement même, à l'expansion vers le dehors (par les voies respiratoires?) de celles qui sont accumulées dans la poitrine. Dès que ce mouvement s'arrête, dès que l'antagonisme des particules extérieures refoulant les intérieures vers le cœur, cesse d'avoir lieu, rien ne gêne plus l'expansion de ces dernières ; non seulement elles se répandent dans tout le corps, comme pendant le sommeil, mais de plus à l'extérieur et la mort est la conséquence de leur dispersion (Voy. *Ame*, I, 2; *Respiration*, et Lucrèce.) Celle-ci se fait-elle par les voies respiratoires seulement, ou à travers toute la surface du corps, ou des deux côtés à la fois? C'est ce qui ne ressort pas très bien des passages que nous signalons et ce qui n'était peut-être pas très clair dans l'esprit des anciens atomistes. Un grand malheur pour l'histoire de l'esprit humain est que toute cette ancienne physiologie ne nous soit connue que par des fragments insuffisants.

Le passage du *Timée* sur la respiration mériterait à peine d'être signalé si Aristote n'y répondait. D'après Platon, la chaleur sortant au dehors par la bouche est nécessairement remplacée par de l'air froid qui se précipite à sa place. L'objection du Stagirite est péremptoire : « Platon suppose donc l'expiration comme précédant l'inspiration? Or il n'en est pas ainsi. Puisqu'on meurt en *expirant*, c'est par une inspiration qu'a dû commencer le cycle des mouvements respiratoires ». Aristote déclare en conséquence la théorie de son maître insoutenable. Il semble d'ailleurs avoir des notions beaucoup plus parfaites que ses devanciers, sur les organes de la respiration ; il connaît la communication des narines avec l'arrière-gorge, les rapports de la trachée-artère et de l'œsophage, l'orifice de la trachée fermé par l'épiglotte chez les vivipares, tandis qu'il se contracte simplement chez les ovipares (*Resp.*, XI, 6). Chez les animaux qui ont beaucoup de sang, ce sang est envoyé au poumon par autant de veines correspondant aux conduits aériens (*Resp.*, XXI, § 4), notion anatomique fort exacte puisqu'elle nous montre les vaisseaux pulmonaires accompagnant partout les bronches, mais qui laisse mal comprendre comment la dualité des poumons avait pu demeurer méconnue.

Pour Aristote les mouvements respiratoires sont de tous points comparables au mécanisme d'un soufflet avec cette seule différence que nous prenons et rejetons l'air par le même orifice (*Resp.*, VII, 8). C'est le poumon qui possède lui-même la faculté de s'étendre et de se resserrer, la poitrine ne fait qu'en suivre les mouvements. Quant au rôle physiologique de la respiration Aristote n'admet pas qu'elle ait pour but l'entretien du feu intérieur, auquel l'air du dehors apporterait une sorte d'aliment. Pour notre philosophe la source de la chaleur vitale est bien plutôt dans la nourriture, et voici comment il raisonne : si l'inspiration alimentait un feu, l'expiration devrait apporter le résidu de cette combustion ; or il est contraire à ce qu'on observe constamment dans l'organisme, que les mêmes conduits servent de la sorte à deux fins opposées. Mais la respiration se lie à la nutrition et voici comment : la coction des aliments, d'où résultera leur *assimilation* finale, ne saurait s'accomplir sans psyché [1] et sans chaleur. Or pour que ce feu se conserve, il faut un certain refroidissement qui est fourni par la respiration (*Resp.*, VII, 8). Pour bien comprendre ce *refroidissement* nécessaire à la conservation d'un feu il suffit de se reporter à l'image du soufflet dont le vent lui aussi est froid quand on le reçoit contre la main et cependant alimente ou plutôt, d'après Aristote *entretient* le feu. Il est inutile, croyons-nous, d'aller chercher plus loin l'explication du rôle que l'École attribue à la respiration, comme refroidissant tout à la fois le sang et conservant la chaleur vitale [2].

La respiration ayant ainsi pour but essentiel d'introduire une certaine quantité d'air au voisinage du cœur afin de le refroidir, il est clair que les poissons, au sens propre du mot, ne respirent pas. Ils n'ont pas de trachée-artère, on ne les voit jamais sous l'eau dégager aucune bulle d'air, comme font les tortues ou les grenouilles qu'on y plonge. Leurs ouïes remuent, il est vrai, mais les poissons ne font aucun mouvement de leur corps, comparable à ceux de la poitrine. Aristote ajoute : Si les poissons respiraient l'air comme le veulent Anaxagore et Diogène ils ne devraient pas mourir quand on les tire de l'eau, et il plaisante l'explication parfaitement juste cependant

---

1. Voy. ci-dessus, p. 24 et suiv.
2. « La vie disparaît quand la chaleur vitale n'est pas suffisamment refroidie ; c'est ce qui arrive quand le poumon ou les ouïes des poissons se durcissent, se dessèchent et deviennent terreux. » Et ailleurs : « Toutes les maladies qui durcissent le poumon, soit par des tubercules, soit par des secrétions, soit par un excès de chaleur maladif comme celui qui donne la fièvre (= pneumonie?), rendent la respiration plus fréquente parce que le poumon ne peut point assez complètement se dilater en s'élevant ni se contracter ; et enfin quand les animaux ne peuvent plus du tout faire de mouvement (respiratoire), ils meurent en rendant des soupirs (= avec dyspnée). »

de Diogène disant que « dans l'air, les poissons prennent trop d'air tandis qu'ils n'en ont dans l'eau que ce qu'il leur en faut » (Tr. B.-S. H. *Respiration*, III, § 5). Mais si les poissons ne respirent pas, le refroidissement de leur sang n'en est pas moins une nécessité. Seulement ici l'agent de cette refrigération est l'eau (*Sommeil*, II, 10); le mécanisme s'accomplit au moyen des ouïes; l'eau qui les traverse va rafraîchir le cœur (*Resp.*, XXI, § 4) [1].

Les Mollusques (= Céphalopodes) et les Crustacés sont aussi refroidis par l'eau et la Nature a veillé à ce qu'ils ne puissent pas absorber l'eau en même temps que leur nourriture [2]. Les Crabes rejettent cette eau par des orifices placés près des parties velues (= branchies?), les Céphalopodes par l'infundibulum (*Resp.*, XII, § 4, 5). Les animaux très petits et qui n'ont pas de sang sont suffisamment refroidis par le milieu ambiant, eau ou air, pour que leur chaleur naturelle soit préservée, mais la plupart de ces animaux vivent fort peu.

Les Insectes ont la vie plus longue, il y a en effet des abeilles qui atteignent sept ans (*Animaux*, V, XIX, § 11); et comme ils ont besoin de plus de chaleur, ils ont aussi besoin par cela même de plus de refroidissement. Et Aristote cite à l'appui les Cigales. Chez celles qui chantent, le mouvement d'élévation et d'abaissement du petit tympan qui constitue leur appareil de chant [3], ressemble à des sortes de mouvements respiratoires [4]. Il n'y a pas toutefois introduc-

---

1. « Les ouïes se soulèvent et laissent pénétrer l'eau; une fois que l'eau est descendue au cœur et l'a refroidi, l'animal contracte ses ouïes et rejette le liquide (*Resp.*, XXI, § 6). » M. B.-Saint Hilaire regarde ce passage comme apocryphe. Il est au moins singulier que l'auteur semble ignorer que l'eau rejetée par les ouïes est entrée par la bouche des poissons, fait qu'Anaxagore et Diogène paraissent avoir connu plus d'un siècle avant Aristote.

2. Aristote entend-il mettre ces animaux en opposition avec les poissons qui introduisent l'eau par la bouche? Voy. note précédente. Le passage est en tous cas peu clair et probablement altéré.

3. Le chant de la cigale est produit en effet par une membrane plissée connue sous le nom de *tympan*, qui s'élève et s'abaisse par l'influence de forces musculaires et qui est bien la source du bruit que font entendre ces insectes. Mais ce tympan est profondément caché et d'une étude délicate, et il est peu probable que les anciens l'aient connu. Un autre passage de la collection aristotélique dit « qu'on observe des mouvements d'expansion et de retrait, semblables à une respiration intérieure, sur la Cigale; que les autres insectes à vie longue les présentent également, et qu'ils sont l'origine de leur bourdonnement. » L'auteur ajoute que « les membranes de la Cigale résonnent contre l'air qu'elles frappent, comme la pelure d'oignon des mirlitons avec lesquels s'amusent les enfants (*Resp.*, IX, § 4). » Cette comparaison très catégorique autorise à penser que l'auteur de ce dernier passage tout au moins ne parle pas ici du véritable tympan de la cigale, mais du *miroir*, qui n'est qu'un organe passif, et mince en effet comme une pelure d'oignon.

4. Voyez encore sur ces mouvements d'expansion et de retrait du corps

tion d'air dans le corps de l'animal, l'air inclus derrière les membranes vibrantes suffit au refroidissement nécessaire, pourvu qu'il soit agité. D'ailleurs les Insectes, pas plus que les Poissons ne respirent, puisque respirer c'est faire entrer et sortir de l'air dans des voies spéciales.

La trachée-artère, qui sert à la respiration est aussi le canal de la voix. On a vu comment celle-ci n'était qu'une sorte de répercussion des sons articulés ayant pénétré dans le conduit auditif. La voix n'est donc possible que chez les animaux qui respirent. Les poissons qui font entendre des sons, les produisent soit avec leurs ouïes, soit avec tel autre organe (*Ame*, II, VII, § 9; *Animaux*, IV, IX). Cependant Aristote ignore l'usage du larynx, qu'il désigne simplement comme l'entrée de la trachée-artère : c'est dans celle-ci que la voix prend naissance par le mouvement de l'air contre ses parois comme le son produit par un instrument à vent. La preuve en est qu'on ne peut émettre de voix, si au lieu d'inspirer et d'expirer, on retient l'air. La toux n'est pas une voix mais un son produit par la langue. Ces indications sont principalement tirées du IIe livre du traité *De l'Ame*. Mais la question de la voix est longuement reprise au Ve livre du traité *De la Genèse*, d'une authenticité moins certaine. D'abord sont examinées les variétés que présente la voix des animaux : elle est basse ou haute ou se tient dans le médium selon les espèces (*Gen.*, V, 78), elle est forte ou faible, elle est rude ou douce ou bien encore elle est souple; et ces divers caractères sont expliqués.

La voix basse est en rapport avec la *lenteur*, la voix haute avec la rapidité. Mais l'auteur se demande qui est rapide? l'air chassé ou le mouvement qui le chasse? Beaucoup d'air peut être poussé par un mouvement lent et peu d'air par un mouvement rapide : dans quels cas le son sera-t-il haut ou bas? Les opinions étaient, paraît-il, très partagées sur ce point. Depuis deux siècles environ Pythagore ou ses disciples avaient formulé la loi qui régit la hauteur du son des cordes, mais elle n'avait pas été étendue aux instruments à vent où elle est beaucoup plus délicate à vérifier, et encore moins à la voix humaine. L'auteur aristotélique paraît disposé à admettre que la voix profonde est en rapport avec l'émission d'une grande masse d'air et par suite avec un plus grand volume du conduit aérien. Il rappelle à l'appui combien il est toujours difficile de produire des

des insectes, comparables à ceux de la poitrine et qui semblent se faire sous l'influence du soufle intérieur : *Sommeil*, II, 11.

sons bas qui soient en même temps faibles, précisément parce qu'ils exigent une grande quantité d'air en mouvement; et pour une raison contraire des sons hauts qui soient en même temps forts.

Une voix de basse est le signe d'une nature plus noble (γενναῖος). Dans les mélodies, la basse ne domine-t-elle pas les autres voix ? elle est donc d'essence supérieure. Ceci est également en relation avec le changement que l'âge apporte dans la voix de l'homme : elle est plus basse chez l'adulte que chez l'enfant.

La voix rauque ou douce est produite par un organe uni ou rugueux, comme on le voit par les malades qui ont la trachée pleine d'aspérités; dès qu'une affection en a rendu la surface inégale, la voix perd sa douceur (*Gen.*, V, 92). Ces arguments où l'auteur cherche à éclairer la physiologie par la pathologie, sont rares dans la collection aristotélique. Celui qu'il invoque ici n'est pas sans une certaine valeur; on sait en effet les changements que font subir à la voix les ulcérations du larynx. De même, pour l'auteur aristotélique la souplesse de la voix dépend de l'état de mollesse ou de rigidité de l'organe. S'il est mou (μαλακός) en raison de l'humidité abondante qu'il contient, il pourra s'élargir et se rétrécir avec facilité et par conséquent rendre des sons forts ou faibles, hauts ou bas selon la quantité d'air émise (*Gen.*, V, § 93).

Toute cette théorie de la voix est du reste assez bien coordonnée. Mais comme il arrive souvent dans la collection, on trouve presqu'aussitôt des développements nouveaux beaucoup moins satisfaisants, sans parler de contradictions formelles [1]. Nous y voyons que tous les animaux, de même que l'homme, ont la voix plus haute étant jeunes, mais que le Veau fait exception; chez toutes les espèces également, la femelle a la voix plus haute que le mâle, et encore ici le contraire a lieu pour la Vache; elle a la voix plus basse que le Taureau [2].

---

1. Celle-ci entre autres : « Que certains animaux aient la voix haute et d'autres basse, cela provient de l'état de chaleur du lieu (ἡ θερμότης του τόπου καὶ ἡ ψυχρότης). L'air chaud, à cause de son épaisseur (δια παχύτητα), fait la voix basse, l'air froid à cause de sa légèreté (δια λεπτότητα) la voix haute. »

2. Pour expliquer cette contradiction, d'ailleurs contraire aux faits, l'auteur commence par déclarer que l'explication des sons hauts et bas par le volume de l'air en mouvement ne suffit pas à rendre compte de toutes les variétés de la voix chez l'homme et chez les animaux suivant les sexes et les âges. Si on considère la quantité d'air en mouvement, elle est moindre chez le Veau que chez le Taureau, le Veau devrait donc avoir la voix plus haute. Or c'est le contraire qui arrive, une autre cause intervient donc. Cette cause est la puissance qui agit sur la quantité d'air en mouvement. Cette quantité restant égale, si la colonne d'air est mue avec peu de force le son sera bas, il sera haut dans le cas contraire. Le Veau et la Vache, en raison de l'âge et du sexe, ont un organe faible avec un grand volume d'air : leur voix est basse, parce

Enfin la puissance de la voix chez ce dernier animal et ses qualités chez l'eunuque prêtent à des remarques qu'il est bon de signaler, mais qui semblent se rattacher à une théorie de la voix un peu différente. Le cœur y reparaît comme premier organe moteur, sans qu'on voie bien si son action est directe ou ne s'exerce que par l'intermédiaire du poumon. Chez tous les animaux, ainsi qu'on l'a déjà dit, la force réside essentiellement dans les nerfs (νεῦροι), c'est-à-dire les tendons. Or les taureaux sont tout nerfs, leur cœur spécialement en est plein. Il s'agit ici des cordes tendineuses des ventricules « qui bandent l'organe comme des cordes à boyau et dont le rôle moteur est encore attesté par l'existence d'un os, puisque c'est toujours à des os que s'attachent les nerfs (= tendons) » [1]. De là l'extraordinaire puissance avec laquelle le cœur met l'air en mouvement chez cet animal et l'origine de ses mugissements. (*Gen.*, V, 87.)

Quant aux eunuques, c'est la force de leurs nerfs affaiblie dans son centre, c'est-à-dire dans le cœur, qui leur donne une voix de femme. Cet affaiblissement est comparable à ce qui se passe quand on relâche une corde qui aurait été tendue en y suspendant un poids, comme font les tisserands, avec la pierre λαῖαι, qu'ils attachent à la chaîne. Ainsi les testicules sont suspendus aux conduits séminaux (voy. ci-dessous LES SEXES), reliés eux-mêmes aux veines, qui prennent leur origine du cœur, organe moteur de la voix. A l'époque de la puberté, les testicules alourdis réagissent sur la voix et c'est pour cela qu'elle se modifie surtout chez les hommes. Si on supprime les testicules, les conduits se détendent comme une corde ou comme la chaîne du tisserand dont on a enlevé le poids; et par suite le centre qui met la voix en mouvement se relâche (*Gen.*, V, 30). Telle est, ajoute l'auteur aristotélique, la raison pour laquelle les individus châtrés changent de voix, et non, comme certains le pensent, parce que dans les testicules sont concentrés un grand nombre de principes (ἀρχή). Nous sommes bien forcés de convenir aujourd'hui que les testicules renferment, en effet, un grand nombre de principes, d'*archées* si l'on veut, dont nous ignorons absolument la nature, mais qui ont un retentissement trop évident sur le reste de l'organisme pour qu'on en puisse méconnaître l'existence. Si la constater n'est pas expliquer leur action, il faut du moins convenir que ceux qui bornaient là leur science, avaient raison contre les théories dont nous venons de donner un aperçu.

que cet air est mû lentement. Chez le Taureau la quantité d'air est tout aussi grande, mais cet air est mû par une force considérable : animé d'un mouvement rapide, il produit un son plus haut.

1. Comp. *Genèse*, IV, 114.

VIII

LES VISCÈRES ABDOMINAUX.

Quand on ouvre l'abdomen d'un animal, tous les viscères apparaissent à peu près séparés les uns des autres et comme flottants dans une cavité fermée, celle du péritoine. Elle se remplit d'air aussitôt, mais on s'assure qu'elle n'en contient pas pendant la vie, en l'ouvrant sous l'eau. Aristote devrait être en tous cas frappé de la discontinuité des organes avec les parois de l'abdomen ou du thorax. Il admet que les viscères sont séparés par une sorte de πνευμα. Ce terme est toujours difficile à bien rendre; il a tenu une place considérable dans la biologie pendant des siècles et la signification en a beaucoup varié. Ce que l'on peut dire, c'est que le πνευμα est toujours essentiellement un fluide élastique. Or l'examen des embryons démontre à Aristote que les cavités du péritoine, de la plèvre (on peut y joindre celles des articulations, des méninges), sont déjà formées de très bonne heure et de plus, que le pneuma dont elles sont pleines ne provient ni de la respiration de la mère ni de celle du fœtus. L'exemple des oiseaux, des poissons, et des insectes le démontre : les oiseaux se forment dans un œuf et par conséquent indépendamment de la mère, les poissons également, les insectes ne respirent pas; enfin ces cavités existent chez l'embryon des quadrupèdes vivipares encore contenu dans la matrice, et qui n'a pas respiré.

Le foie et la rate placés à droite et à gauche ont été probablement considérés dans la haute antiquité comme des organes pairs, de même que les reins, les testicules, etc. [1]. Aristote ne paraît pas complètement affranchi de cette erreur : « par leur situation les deux viscères se correspondent; leur nature n'est pas en somme très différente; la rate est comme un faux foie; on remarque, en effet, que chez les animaux où elle n'est pas bien développée, comme les ovipares, le foie est toujours profondément divisé en deux lobes, l'un à droite, et l'autre à gauche qui semble tenir la place de la rate. »

1. Voir plus haut (p. 48) le parallèle entre les veines splénique et hépatique de la saignée, la méconnaissance de l'artère splénique, etc.

Aristote cite à ce propos les Sélaciens où la rate, spécialement chez certaines espèces, a pu être aisément prise pour un pancréas, et dont le foie présente en effet ces deux divisions à peu près égales occupant l'une le côté droit, l'autre le côté gauche de l'abdomen.

Le foie partage presque l'influence du cœur. Le foie et la rate sont riches de sang, par conséquent chauds, et contribuent à la coction des aliments, mais ce rôle est surtout dévolu au foie, sans que nous comprenions bien en quoi il consiste. La collection aristotélique ne fait d'ailleurs nulle part mention de la veine porte, autrement que comme une des branches de la Grande veine (voy. ci-dessus, p. 47); Aristote ignore qu'elle se perd dans le foie, fait dont la connaissance conduira Galien à regarder ce viscère comme l'organe où s'élabore le sang aux dépens des aliments puisés par la veine porte dans l'estomac et dans l'intestin.

La rate, de son côté, nous est donnée par Aristote comme attirant à elle les liquides distillés ou extraits par l'estomac ; et en raison de sa qualité sanguine elle les cuit [1]. Nous n'en savons pas aujourd'hui beaucoup plus long.

Aristote énumère les animaux qui n'ont pas de vésicule biliaire (Des parties, IV, 2), entre autres le Cheval. Si la bile doit être surtout considérée comme une sorte d'excrétion, l'auteur ne semble pas rejeter non plus l'opinion de ceux qui prétendaient que cette humeur excite et soulève la partie de l'âme dépendant du foie, et par son écoulement la dégage et la met en gaîté (Des parties, IV, 2) [2].

Les reins sont en rapport par les uretères avec la vessie, et contribuent à la formation de l'excrément liquide (Des parties, III, 7). Aristote ne localise pas expressément dans les reins la formation de l'urine qui semble partagée entre ces organes et la vessie. Notre philosophe paraît surtout préoccupé de bien établir la distinction des uretères et des veines : Les uretères sont des conduits épais « dans lesquels on ne trouve pas de sang », et le liquide qu'ils contiennent ne se coagule pas. Les vaisseaux qui se rendent de la

---

1. Mais « si ces liquides sont trop abondants ou que la rate n'ait pas assez de chaleur, les animaux deviennent malades par réplétion de nourriture. De même le cours rétrograde des humeurs chez beaucoup de spléniques ou d'hypochondriaques cause des indurations de l'intestin (dyspepsies?) ; les diabétiques (polyuriques) en présentent aussi, parce que l'humide est rejeté (en excès) ». Des parties, III, § 7.

2. Ce passage est peut-être une interpolation. On comprend au reste, en se reportant à cette ancienne assimilation entre le foie et la rate, que celle-ci ait pu être regardée comme émettant quelque humeur comparable à la bile, d'où l'épanouissement et la gaîté dès que l'organe est désobstrué ou désopilé. — Le précieux manuscrit arabe dont nous avons parlé plus haut (p. 46, note 2) représente un conduit biliaire reliant la rate à la vésicule du foie.

grande veine au rein ne se continuent pas avec ces conduits et s'arrêtent dans le rein. Les humeurs traversent celui-ci jusqu'en son milieu et se réunissent dans le bassinet d'où la sécrétion passe dans la vessie (*Des parties*, III, § 9), mais il n'est pas dit clairement que ce soit par les uretères, et d'après un autre passage, il semblerait même que les uretères ne sont que des ligaments reliant la vessie aux reins [1].

Aristote sait que le rein du Phoque est multilobé comme celui du Bœuf, mais il ajoute (*Des parties*, III, § 9) que le rein de l'Homme semble aussi formé d'un grand nombre de petits reins au lieu d'être uni comme celui du Mouton et d'autres quadrupèdes. Ceci est une erreur qui semble avoir été répandue parmi les médecins du temps et qui ne s'explique point, à moins de la faire remonter à l'observation d'embryons humains très jeunes, chez lesquels en effet le rein présente cette structure lobée. Le rein droit est indiqué comme étant plus haut que le gauche : or c'est précisément le contraire qui a lieu, mais l'École trouve à cette erreur une raison péremptoire dans la dignité relative du côté droit sur le gauche [2].

Aristote connaît l'urine solide des oiseaux et des reptiles, il distingue le dépôt blanc qu'elle forme, du reste de l'excrément; on peut se demander comment le philosophe a été conduit à cette notion assez complexe [3], surtout alors qu'il ne connaissait point l'appareil urinaire de ces animaux, ainsi que cela ressort de divers passages du traité *Des parties*. « Les quadrupèdes vivipares au contraire ont tous l'urine aqueuse. Ceci est en rapport avec l'abondance de nourriture qu'ils prennent et leur soif fréquente; en rapport, par suite, avec la présence d'un poumon sanguin. De tous les animaux à plumes et à écailles, le seul qui ait une vessie est la Tortue de mer, précisément parce qu'elle a un poumon sanguin et comparable à celui du Bœuf (*Des parties*, III, § 9). En général les animaux qui ont l'urine solide n'ont pas de vessie, et cette double particularité est directement en rapport avec la présence de plumes ou d'écailles (*Des parties*, III, 7-9, IV, 1), signes d'une nature plus sèche.

---

1. Nous retrouvons également mentionnés ici (*Des parties*, III, 9), à côté des uretères, les deux conduits resserrés et continus (ἰσχυροὶ καὶ συνεχεῖς) où nous avons déjà cru reconnaître les artères ombilicales (Voy. ci-des. p. 48, note 1).

2. « Les reins sont la source de nombreuses maladies. Il en est une en particulier, à peu près spéciale aux moutons, et qui tient à ce que leur graisse se liquéfie. Par suite les vents (πνεύματα) n'y restent point enfermés et causent l'angoisse. » La maladie attribuée ici aux reins est probablement le développement de gaz dans la panse, auquel beaucoup de ruminants succombent quand on ne sait pas les soigner.

3. Peut-être en voyant chez certains oiseaux les dépôts blancs de l'urine mêlés d'une grande proportion de liquide.

La seule exception à cette règle est la Tortue de mer pour les raisons qui viennent d'être indiquées. De même une autre tortue, l'Émys, dont la peau est molle, a par cela même l'urine liquide (*Des parties*, III, 9).

« Aucun ovipare n'a de reins », ce qui prouve bien, comme nous l'avons laissé entendre, que pour Aristote ces organes n'ont qu'un rôle accessoire dans la production de l'urine. Le philosophe ne les reconnaît plus chez les oiseaux, les reptiles, et les poissons, où ces organes sont généralement appliqués contre la colonne vertébrale et ne présentent ni la même forme ni les mêmes rapports anatomiques que chez les quadrupèdes vivipares ; pour lui l'urine, l'excrément liquide est essentiellement la sécrétion soit de la vessie, soit de la dernière portion de l'intestin, comme l'excrément solide.

Les Exsangues (= Invertébrés) ne présentent pas de vessie. Mais Aristote, avec la notion si nette qu'il a toujours de l'unité fonctionnelle, cherche à retrouver chez ces animaux la sécrétion urinaire [1], et il en arrive à rapprocher l'encre noire des Céphalopodes du dépôt blanc où il a reconnu l'urine des ovipares. Il voit dans cette encre une excrétion nécessaire des parties terreuses, et si la Seiche a plus d'encre que les autres Céphalopodes c'est aussi que les parties terreuses y sont plus abondantes (*Des parties*, IV, 5), comme le prouve « l'os de Seiche ». Supposons pour un instant que ce soit l'inverse et que la « poche au noir » de la Seiche soit moins développée que chez les autres animaux du groupe, le philosophe aurait, sans aucun doute, fait le raisonnement inverse et prouvé que l'excrétion noire saline devait être moins abondante chez cet animal par ce fait même que ladite excrétion se reportait d'un autre côté et allait former l' « os ». L'admiration pour le génie ne doit pas nous fermer les yeux au vide irrémédiable d'une philosophie qui croit reconnaître partout les preuves d'une harmonie voulue dans la Nature ou par la Nature. Toutes les conceptions de ce genre sont fatalement condamnées à l'avance. Combien en avons-nous vues même à notre époque surgir qui ont fait grand bruit pendant un temps et sont déjà oubliées !

Le tube digestif, à l'exception de l'estomac, paraît assez mal connu d'Aristote. La description qu'il nous donne de l'estomac des ruminants, de celui des oiseaux avec leur gésier, ou des poissons avec leurs appendices pyloriques, est remarquablement exacte. Tout ce qui a trait à l'intestin, au contraire, reste assez confus, surtout

---

1. Nous savons aujourd'hui qu'il faut nécessairement qu'elle existe dans tous les animaux sous une forme ou sous une autre, comme conséquence du mouvement nutritif.

pour la dernière portion du tube digestif [1]. Au reste, il n'est pas toujours aussi aisé qu'on pourrait le croire, d'en déterminer le trajet à simple vue et sans dissection attentive. Le développement du cœcum, souvent plein de matières comme un second estomac chez certains animaux, a dû causer beaucoup de confusions [2]. Le philosophe semble admettre une sorte d'antagonisme entre les extrémités de l'intestin, l'une destinée à contenir l'aliment, l'autre l'excrément inutile, toutes deux séparées par le *jejunum*.

En ce qui touche les quadrupèdes vivipares Aristote constate que tous ceux à dentition complète — et il entend par là ayant des incisives aux deux mâchoires — n'ont qu'un estomac, c'est-à-dire l'estomac simple. L'Homme, le Chien, le Lion sont dans ce cas, avec les animaux à sabot comme le Cheval, et même les animaux à pied fourchu pourvu qu'ils aient la dentition complète : ceci permet de joindre le Porc à cette énumération en effet très exacte.

Tous les animaux à dentition incomplète, y compris le Chameau bien qu'il n'ait pas de cornes, ont plusieurs estomacs et ruminent. Le défaut de dents (incisives) à la mâchoire supérieure ne permet pas une mastication suffisante de la nourriture et rend la rumination nécessaire [3]. Tous les ruminants ont les estomacs faits de même. L'aliment passe de l'un à l'autre, allant du premier au second et au troisième, selon qu'il est plus ou moins trituré, et enfin au quatrième quand il est complètement réduit en bouillie (*Des parties*, III, 14). On croyait probablement alors que l'aliment remonte plusieurs fois des estomacs à la bouche. Ceux-là portaient déjà d'ailleurs les noms descriptifs que nous leur donnons encore : μεγάλη κοιλιά, le grand estomac, la *double*; κεκρύφαλος, le filet ou bonnet; ἐχῖνος, le portefeuille ou feuillet; ἤνυστρον, le terminal. Les fermiers d'alors se servaient de ce dernier comme aujourd'hui, pour fabriquer le fromage [4].

---

1. « Quelques animaux ont l'estomac (?) plus étroit en bas qu'en haut, tel le Chien dont la défécation difficile n'a pas d'autre origine. »

2. Dans le manuscrit arabe du XV° siècle dont nous parlons plus haut (Voy. p. 46, n. 2), la partie inférieure de l'intestin dessine une boucle fermée entre le *jejunum* et le *rectum*. Les noms persans ou arabes donnés dans ce manuscrit aux diverses parties sont des traductions ou de simples transcriptions des noms anciens.

3. Il existerait un poisson qui rumine, le Scare (*Scarus crctensis* probablement — Voy. Athénée, VII, 113). Ce poisson à l'encontre des autres a les dents plates au lieu de les avoir aiguës (*Des parties*, III, 14), il a donc aussi, sous un certain rapport, une dentition imparfaite.

4. Il est dit un peu plus loin (*Des parties*, III, 15) qu'on se sert, pour cet usage, du *troisième* estomac. C'est certainement une erreur, à moins qu'on ne tienne pas compte de la *panse* ou *double*. Il est dit également que l'estomac simple du lièvre jouit de la même propriété de cailler le lait parce que cet animal se nourrit d'herbes succulentes (ὑπώδης πόα).

IX

LES SEXES

L'étude des sexes et de la reproduction tient une place considérable dans la collection aristotélique. Outre le grand traité de la *Genèse des animaux*, il est longuement parlé du même sujet dans les autres ouvrages. Nous passerons successivement en revue ce qui a trait au sexe mâle, au sexe femelle, à la reproduction en général et à l'embryogénie. C'est là que nous trouverons Aristote dans tout l'éclat de son immense savoir et que nous aurons en même temps à signaler le plus de contradiction dans les œuvres qui portent son nom.

Aristote s'inspire probablement d'Empédocle quand il nous montre l'être vivant — nous devrions dire l'espèce — formé dans certains cas, d'une sorte de dualité, de deux individus opposés et distincts, le mâle et la femelle ; et dans d'autres cas au contraire, comme chez la Plante, représenté par un individu unique, chez lequel ce qui est mâle et ce qui est femelle restent confondus (*Gen.*, I, 54). Aristote donne d'ailleurs des sexes une définition très suffisante, au moins pour les espèces qui s'accouplent : il appelle mâle « l'être qui procrée dans un autre » et femelle « l'être qui procrée en soi ».

On a vu qu'Aristote n'avait pas reconnu les reins chez les animaux où ils n'ont plus la même configuration et les mêmes rapports que chez les vivipares. De même pour les testicules. Le testicule d'ailleurs n'est pas à ses yeux l'organe essentiel de la génération, celui qui produit la semence comme le professaient, paraît-il, certains physiologues de son temps. Pour Aristote, chez l'homme aussi bien que chez tous les animaux l'organe mâle essentiel a la forme d'un conduit plus ou moins large, à l'extrémité duquel pend accessoirement le testicule, comparé — nous l'avons dit à propos des eunuques — à la pierre que les tisserands emploient pour tendre leur chaîne. Le testicule n'a pas d'autre fonction que de tendre ce conduit, qui est chez l'homme le cordon testiculaire. En bas il est sanguin (= vaisseaux du cordon ?), mais la partie supérieure (= canal déférent) est exsangue. C'est là que s'accumule la semence, rapidement émise dès qu'elle est arrivée dans cette région du conduit. Ce conduit, l'organe mâle essentiel, répond à celui qu'on trouve plein de laitance chez les poissons. Il résulte de là que pour Aristote ces derniers animaux n'ont point d'organes analogues aux testicules de l'Homme, et il en est de même des serpents (*Des parties*, IV, 13), dont les testicules allongés, fusiformes, placés à deux niveaux différents dans l'abdomen ne sont plus reconnus par notre philosophe. Il les retrouve au contraire grâce à leur forme chez tous les oiseaux et tous les quadrupèdes ovipares, mais profondément cachés dans les lombes. D'une façon générale les testicules sont intérieurs chez les animaux dont la peau est trop rude pour se prêter à la formation de bourses qui les abritent : ainsi l'Éléphant et le Hérisson (*Gen.*, I, 22), les cétacés, les quadrupèdes écailleux (= reptiles) et les oiseaux toujours rangés parmi les animaux à peau dure, à cause de leurs plumes.

De même que les animaux à intestin rectiligne sont plus empressés à la nourriture [1], de même ceux qui n'ont pas de testicules ou chez lesquels les testicules profondément placés ne provoquent aucun contournement des conduits, ont un coït plus rapide. C'est le fait des oiseaux et aussi du Hérisson qui a les testicules dans les aines. Et il les a précisément parce que chez lui le coït doit se faire très vite, le mâle et la femelle se tenant dressés ventre à ventre à cause des épines qui couvrent le dos de celle-ci. Chez les animaux d'ardeur plus mesurée le conduit séminal contourné agit comme l'intestin contourné, et ralentit le mouvement de la semence. — La castration, en supprimant les testicules, provoque la rétraction des conduits et ceux-ci, dès lors, ne fonctionnent plus. Si un taureau a pu, dit-on, emplir une vache immédiatement après avoir été coupé, c'est que cette rétraction n'avait pas encore eu le temps de se produire [2].

Aristote sait aussi que certains oiseaux qui n'ont qu'une saison d'amours, présentent à cette époque des testicules beaucoup plus

---

1. Il faut sans doute comprendre « avalent plus gloutonnement », ce qui est le cas à peu près général de tous les ovipares, en même temps que chez eux l'intestin est le plus souvent très court. On a vu ailleurs que les animaux qui *mangent beaucoup* sont au contraire les animaux à urine liquide, c'est-à-dire les quadrupèdes vivipares.

2. Le fait, quoique très peu probable, n'est cependant pas irrationnel, parce que la castration n'enlève pas les voies séminales supérieures où peut se trouver accumulée une certaine quantité de liquide testiculaire.

gros que pendant le reste de l'année (*Gen.*, I, 11). Mais il semble admettre que cet accroissement de volume est dû à ce que le testicule, en dehors du temps des amours, attire à lui la semence produite par le conduit, et s'en augmente.

Dans l'érection, c'est le souffle, le *pneuma*, qui gonfle la verge (*Des parties*, IV, 10) [1] et de même le mamelon chez la femme (*Gen.*, I, 86), surtout au moment du flux menstruel. L'émission du fluide séminal paraît se faire également par la force du souffle. Aussi est-elle accompagnée d'une sorte de retenue de la respiration. Les poissons ne respirant pas, ne pourraient jeter leur semence s'ils n'en avaient d'avance beaucoup en réserve, au lieu que chez l'homme elle se produit au moment de l'émission (*Gen.*, I, 14).

Il n'est pas certain que les Insectes et les Mollusques aient du sperme (*Gen.*, I, 32).

Tous les organes femelles des animaux sont confondus par Aristote sous la dénomination commune de « matrice ». La matrice est l'utérus des vivipares, l'ovaire des ovipares, et parfois aussi l'oviducte. La Femme, la Jument, les femelles des autres quadrupèdes vivipares, les poissons (= Téléostéens) ont la matrice ou les matrices en bas : pour celles-là c'est l'utérus, pour les derniers ce sont les ovaires. Au contraire les oiseaux, les quadrupèdes ovipares, les poissons vivipares (= Sélaciens) ont la matrice ou les matrices très haut, près du diaphragme (*Gen.*, I, 8; III, 3) : c'est ici l'ovaire simple ou double de ces animaux. Mais d'une manière générale la place de la matrice est plutôt en bas qu'en haut. Elle est en haut et près du diaphragme quand il faut que la chaleur, dont le centre est au cœur, contribue à la formation d'une coque pour les œufs, comme chez la poule (*Gen.*, I, 17). Les Mollusques et les Crustacés ont aussi à

---

1. Le traité *De la Genèse* revient en d'autres passages (IV, 90-94) sur l'érection et la propension au coït, qui sont expliquées là par diverses causes. L'auteur semble d'abord confondre la rigidité des parties femelles chez certains animaux, avec une sorte d'érection. « C'est parce que les juments ont les parties rigides, qu'elles supportent le coït pendant la gestation. Tous les animaux qui ont ainsi les tissus tendus sont enclins au coït. Pour la même raison l'Homme, chez qui les parties ne sont point naturellement tendues, peut rester longtemps en état de continence. De même encore les femmes très ardentes deviennent, quand elles ont eu beaucoup d'enfants, moins passionnées par une sorte d'épuisement du flu de séminal (?). Pour l'Homme, l'abondance du fluide séminal est en rapport avec la richesse de la sécrétion pileuse : les hommes poilus sont plus portés au coït et plus riches en sperme (*Gen.*, IV, 94). Aussi voit-on cette richesse encore exagérée chez le Lièvre, comme l'indique son système pileux répandu jusque sous les pattes et à l'intérieur des joues, ce qui le distingue de tous les animaux. » Nous pourrions étendre ces citations qui sont peu conformes au génie propre et aux doctrines d'Aristote.

l'intérieur du corps leurs œufs enveloppés d'une membrane qui
répond à la matrice des autres animaux.

Quelle part prennent les deux sexes au produit qui doit naître?
C'est ici un des points les plus intéressants de la doctrine aristotélique. Et la première question que nous trouvons longuement traitée
est celle de l'hérédité, car il semble qu'aucun problème n'ait été
omis par notre auteur, de tous ceux qui préoccupent la science
moderne. On peut lire au traité *De la Genèse* (I, 32 et suiv.) sur
cette question de l'hérédité, une véritable dissertation d'un genre
et d'un ton particuliers qu'on ne trouve jamais dans le traité *Des
parties* généralement beaucoup plus concis. Il s'agit de savoir si le
mâle et la femelle fournissent en proportion égale les matériaux de
l'être nouveau et si ces matériaux proviennent de toutes les parties
de leurs corps. Nous sommes aujourd'hui parfaitement renseignés
sur l'origine immédiate, tangible en quelque sorte, de l'ovule et du
liquide fécondant mâle. Mais la question est plus haut. L'ovule de la
femelle, le liquide fécondant du mâle portent en eux la puissance
de reproduire les moindres caractéristiques du corps de chacun des
deux individus générateurs. C'est là le problème de l'hérédité, et
quand Darwin cherche à le résoudre avec sa théorie de la *pangenèse*, il ne fait en somme que le poser sous une forme nouvelle.
Assurément tous les phénomènes de l'hérédité directe et *reverse*
trouveront une explication plausible si l'on suppose que toutes les
cellules du corps (et cellules est trop peu dire) émettent à tous les
instants un nombre considérable de gemmules (c'est le terme consacré), qui se dispersent dans l'organisme mais vont se concentrer
surtout dans les éléments reproducteurs mâle et femelle. Or cette
doctrine ne constitue pas même une hypothèse opportune, utile,
pouvant conduire à quelque conquête scientifique nouvelle; c'est
tout simplement un rêve ingénieux, c'est — qu'on le remarque bien
— l'expression scientifique du phénomène même qu'on a la préten-
tion d'expliquer. Avant Darwin, au siècle dernier Bonnet et Buffon
avaient développé une autre *pangenèse* un peu différente, et nous
pouvons ajouter que le fond de l'idée avait déjà — avec toute proportion pour des temps si différents — ses partisans dans le monde
grec. Elle remonte au moins à Empédocle. Le soin que met Aristote
à l'examiner, à la réfuter prouve assez quelle place elle tenait [1]. Il
s'élève longuement contre elle, contre les arguments qu'on produit
en sa faveur. Mais ceux qu'il invoque — et il fallait s'y attendre —

1. Il est possible qu'Aristote suive ici Anaxagore.

ne sont pas meilleurs. Fait-on valoir la ressemblance des enfants
avec les parents? il oppose cet autre fait que l'enfant ressemble
parfois à ses grands parents dont il n'a rien reçu. Il va même chercher un argument assez inattendu dans le monde végétal : la
semence, dit-il, se forme en même temps que le péricarpe qui l'enveloppe, elle ne procède donc pas de lui; et cependant la semence
reproduira ce péricarpe semblable à lui-même. Ce n'est pas tout :
Aristote, comme nous le dirons plus loin, connaît fort mal les métamorphoses des Insectes; il en voit qui donnent des vers (= larves),
sans savoir que ces vers deviendront insectes à leur tour, et il
trouve là une preuve nouvelle, décisive, que les produits sexuels ne
sont pas un composé de gemmules émanées des divers organes
des parents et portant en elles ressemblance avec eux, puisque ces
vers issus des insectes n'ont aucune analogie avec leurs procréateurs.

Mais peut-être, dit notre philosophe, on voudra remonter plus
loin, expliquer la ressemblance des organes par celle des parties
similaires — nous voilà, on le voit, en pleine théorie cellulaire —
examinons la question sous cette nouvelle face. Veut-on prétendre
que les parties similaires, les tissus émettent ces gemmules, qui vont
se condenser dans le produit sexuel? on n'aura fait, dit Aristote, que
déplacer le problème. Pourquoi s'arrêter? Pourquoi ne les pas faire
provenir aussi bien des éléments dont le mélange et la combinaison
donnent naissance aux parties similaires, de même qu'à tous les
corps naturels? Mais admettons même pour un instant que les
gemmules des divers organes soient condensées comme on le dit
dans le liquide séminal mâle, comment n'y formeront-elles pas un
petit être? Et puis la femme a aussi son liquide séminal : en voilà
deux! Ce n'est pas tout. Aristote ignore nécessairement que les
organes femelles représentent, au point de vue embryogénique, un
état stationnaire ou détourné des organes mâles; il ne voit les uns et
les autres que dans l'absolu de leur différenciation finale et il
demande où sont passées, si le produit est femelle, les gemmules des
organes mâles du père. Négligeons ces détails, admettons que l'être
nouveau, comme le veut Empédocle, va se former par moitié des
gemmules (nous continuons d'employer le terme moderne) dérivées
de ses deux parents : encore faudrait-il expliquer, dit Aristote, comment cet être, dont vous nous montrez la formation, va se développer, grandir. Et si ses chairs, son sang s'accroissent aux dépens
de l'aliment, c'est-à-dire de substances étrangères à lui, quoi donc
empêche les chairs, le sang de se former d'abord aux dépens du

liquide séminal, sans que lui-même soit chair ou sang? Admettre
que certaines parties de la semence sont déjà et tout à la fois nerfs
et os ne dépasse-t-il pas notre entendement?

Comme on le voit, le point de départ d'Aristote, dans toute cette
argumentation, est l'idée fort juste qu'il se fait de la nutrition, ou
pour parler son langage, des *coctions* successives dont l'organisme
est le siège et le résultat. Si les exemples qu'il invoque pour rejeter
la pangenèse d'Empédocle prouvent peu ou ne prouvent rien, il a
du moins la notion très claire que les matériaux du nouvel être se
forment aux dépens de matériaux différents de ce qu'ils sont eux-
mêmes. Au cours du développement, le sang ne provient pas du sang
et la chair ne provient pas de la chair; et si le sang, si les organes
peuvent ainsi s'accroître aux dépens de substances d'une autre nature
qu'eux, il n'est plus nécessaire d'invoquer, pour leur formation première, l'essence même de l'organe dont on les fait dériver. Les particules alimentaires qui vont former le liquide séminal de l'adulte,
sont adéquates à celles qui vont former les autres parties du corps :
de là une ressemblance très naturelle du produit avec le procréateur,
puisque tout ce qui passe en substance dans l'être, demeure en
puissance dans le liquide séminal. Employant le langage moderne
on pourrait dire de cette théorie qu'elle est une sorte de pangenèse
parallélique, par opposition à la pangenèse seriale de Bonnet et de
Darwin.

Le seul point qui reste douteux est de savoir si le liquide séminal
ainsi constitué par l'apport des mêmes particules qui forment sans
cesse l'organisme, sera simplement un principe matériel qu'emploiera
le nouvel être à se façonner, ou s'il contient au contraire exclusivement un principe moteur (*Gen.*, I, 70), ou les deux choses à la fois
(*Gen.*, I, 13). On ne peut être plus catégorique et la question comme
on voit est fort bien posée par le Stagirite. Pour nous, modernes, les
produits sexuels mâle et femelle portent en eux les deux choses :
un substratum matériel dominant dans l'œuf, un principe d'énergie
dominant dans le spermatozoïde. Nous n'avons rien ajouté, comme
on le verra, à la science d'Aristote. Il reconnaît dans chaque sexe
l'existence d'un produit sexuel particulier. Il distingue donc un liquide
séminal mâle (le sperme) et un liquide séminal femelle qui n'est
autre que les menstrues de la femme. Du mélange intime de ces
deux produits dans la matrice, se forme le germe (*Gen.*, I, 17, 55).
Dans les végétaux, la semence apparaît tout d'abord, sans fécondation, d'elle-même; chez les animaux, elle a pour équivalent ce
germe ou cet œuf produit par le concours des deux sexes, et qui

donnera un animal, absolument comme la semence donne une plante. Étudions ces deux liquides séminaux.

Le sperme n'est ni un organe, ni une partie similaire [1]; il n'est pas davantage une humeur (χῦμα) comme celle des abcès, ni une sécrétion inutile (περίττωμα) comme l'excrément solide ou liquide [2], ni une lymphe (σύντηγμα) [3], ni un aliment (τροφή) pour une autre partie quelconque de l'organisme. Il est au contraire le dernier terme des transformations que subit le sang, cet aliment par excellence des organes [4]; aussi les pertes séminales affaiblissent-elles autant qu'une hémorrhagie (*Gen.*, I, 70).

Le sperme en lui-même est une écume, car il contient une grande quantité d'air chaud auquel il doit sa consistance. Quand cet air chaud l'abandonne, il se liquéfie rapidement, même par les plus froides nuits d'hiver; c'était au temps d'Aristote la plus grande source de froid dont pouvaient disposer les expérimentateurs. Pour comprendre ce rapprochement du sperme avec une écume, il faut se reporter à la physique d'alors : tous les corps d'une faible densité et qui surnagent sont regardés comme « aériens »; l'huile est de nature aérienne [5], c'est l'air qu'elle contient en elle qui la fait surnager, pour la même raison que l'écume et la « mousse » surnagent. Quand l'air abandonne la mousse elle ne *tient* plus, elle perd sa blancheur et se liquéfie; de même le sperme, en se refroidissant, perd à la fois sa coloration blanche et sa consistance, il est donc aussi une mousse, une écume. Aristote nous dit à cette occasion que la déesse de l'accouplement, Aphrodite, a tiré de là son nom, d'ἀφρός, écume. Nous avons déjà signalé une autre étymologie du même genre, à propos du nom du vieillard [6]. Le physiologue a-t-il ici raison contre les poètes qui font d'Aphrodite l'écume personnifiée des flots? La question peut avoir quelqu'intérêt pour

---

1. Ceci est en contradiction avec l'exposé d'anatomie générale si intéressant que nous donne l'*Histoire des animaux*, et où le liquide séminal figure avec le lait à la suite des autres parties similaires. Voy. ci-dessus, p. 36.

2. « Lesquels sont augmentés dans les maladies, tandis que la sécrétion spermatique est généralement supprimée » (*Gen.*, I, 58).

3. Il est assez difficile de dire ce qu'Aristote entend ici par « lymphe » : peut-être un résidu spécial, particulier (παρὰ φύσιν) des matériaux servant à la croissance (et à l'entretien du corps). Aristote nous dit en même temps que les lymphes ont une place définie, et il en tire même argument contre certains physiologues qui classaient le sperme comme lymphe précisément parce qu'ils le faisaient provenir de toutes les parties du corps (*Gen.*, I, 57).

4. Voy. ci-dessus, p. 32.

5. Mais l'huile est moins légère que l'eau, c'est-à-dire moins fluide: elle coule plus difficilement entre les doigts. « Léger » est ici l'opposé de « visqueux ».

6. Voy. ci-dessus, p. 38.

l'histoire du Panthéon grec, bien que l'exégèse moderne ait déjà fait justice, croyons-nous, de cette étymologie et donné tort aux poètes aussi bien qu'au physiologue.

Disons pour finir que le sperme en se desséchant, laisse, comme le mucus, une petite quantité de matières terreuses (*Gen.*, II, 28-30), et qu'Aristote tout en signalant ces diverses propriétés, réfute les erreurs célèbres de Ctésias qui prétend que le sperme des éléphants est solide, et d'Hérodote qui dit que celui des Ethiopiens est noir (*Gen.*, II, 31; *Hist. anim.*, III, xvii).

Le liquide séminal féminin est moins parfait, moins cuit que celui de l'homme, en raison de la chaleur moindre de la femme : il reste plus semblable au sang. C'est le flux menstruel, dont l'apparition marque en effet le commencement, et la disparition le terme des facultés procréatrices chez elle. Cette imperfection originelle du fluide séminal féminin, est en corrélation, nous dit-on, avec les formes plus arrondies du sexe, et son teint plus clair. Il faut se rappeler que le teint de la femme était beaucoup plus clair autrefois en Grèce que celui de l'homme (comme de nos jours chez les Orientaux) à cause des mœurs, la femme vivant enfermée ou voilée et l'homme au grand air, presque nu. On aurait au besoin la preuve de cette différence par nombre d'anciens vases grecs où l'émail blanc a été réservé à la représentation des femmes [1]. L'auteur explique encore par les propriétés spéciales du fluide séminal féminin ce fait exact dans sa généralité, que les femelles des quadrupèdes vivipares (= mammifères) sont plus petites que les mâles, tandis que c'est l'inverse chez les autres animaux (*Gen.*, I, 75); et bien d'autres choses, de celles que prouvait l'École par raisonnement sans beaucoup s'inquiéter des réalités.

Aristote est donc opposé à l'opinion de ceux qui veulent voir dans les sécrétions vaginale ou vulvaire l'analogue du liquide séminal de l'homme (*Gen.*, I, 7, 8; II, 57). Il en donne cette raison très juste que des femmes peuvent concevoir sans avoir éprouvé aucune jouissance, par le seul effet de « l'excitation des parties et de la descente de la matrice » (*Gen.*, II, 58). On sait aujourd'hui que la matrice n'est susceptible d'aucun déplacement notable; mais c'est depuis peu d'années seulement que la croyance populaire ne la fait plus voyager, et que les étouffements *hystériques* ne sont plus attribués à ce qu'elle remonterait dans la gorge. Aristote éclairé par ce qu'il sait des animaux n'admet pas que la matrice descende pendant le coït : loin de là, le fluide séminal du mâle tombe dans le vagin, il y

---

1. Voy. *Des colorations de l'épiderme*. Thèse, Paris, 1860.

peut séjourner ou bien il est attiré par la matrice [1]. L'exemple des oiseaux et des Sélaciens, chez lesquels la matrice (= ovaire) est reléguée fort en avant près du diaphragme, prouve avec toute évidence que le fluide séminal du mâle n'y saurait parvenir s'il n'était en quelque sorte aspiré comme en un vase effilé qu'on a fait chauffer vide et où l'eau se précipite (Gen., II, 60). Aussi faut-il, pour qu'il y ait conception, que la matrice soit convenablement chaude (Gen., II, 59), car c'est là seulement que se fait la rencontre, le contact, la coalescence des deux fluides séminaux (Gen., II, 60). Celui de la femme est toujours sécrété en excès, à cause de l'excès d'aliment dont se remplissent les veines de la matrice, et que celle-ci quoique chaude n'a pas assez de chaleur pour cuire totalement. Les plus petites veines cèdent sous l'effort de ce superflu, qui s'écoule comme une sorte d'hémorrhagie au dehors (Gen., II, 47). Mais la partie la plus importante en est retenue, et se concrète dans la matrice après les règles : c'est donc le moment favorable pour la fécondation, car plus tard le museau de tanche se referme. — Cette partie essentielle du fluide séminal femelle que retient ainsi la matrice, existe seule chez les animaux sans menstrues (Gen., II, 56) [2]. Chez les autres femelles, ce qui s'écoule est inutile, comme le sperme impuissant d'une première émission (Gen., II, 55).

Le fluide séminal de la femme, de qualité inférieure comme on vient de dire, n'est qu'une nourriture grossière, comparé à la pure semence de l'homme. Celle-ci crée, en elle réside le principe de l'âme (ἡ τῆς ψυχῆς ἀρχή. Gen., I, 83) [3], elle est plutôt force. Celui-là est plutôt matière. L'homme porte en lui le principe moteur et générateur, la femme le principe matériel (Gen., I, 3). Ce sont, comme nous l'avons dit, à peu de chose près les données de la science moderne. Et Aristote prouve qu'il en est bien ainsi par les œufs des poissons, dont ceux-là seulement mûrissent qui ont été arrosés par

1. Toutes ces questions sont également traitées au X° livre de l'*Histoire des animaux*.

2. « Les femelles des quadrupèdes vivipares ont presque toutes des règles intérieures. Il n'y en a qu'un petit nombre chez qui les règles se montrent au dehors (Gen., III, IV). La jument n'en a que très rarement les apparences (Gen., IV, 90). »

3. Les œufs clairs sont en réalité les règles intérieures des poules (Gen., III, 4). Ils n'ont ni vie, ni psyché, parce qu'elles ne leur ont pas été données par le mâle (Gen., II, 40). Voy. ci-dessus, p. 26, note 1, une autre citation relative aux œufs clairs et qui paraît en contradiction avec celle-ci. La contradiction toutefois est peut-être plus apparente que réelle, en raison de la grande élasticité du mot *psyché* : il signifiait dans le premier cas « état organisé », il paraît signifier ici quelque chose rappelant le *nisus formativus* de Geoffroy Saint-Hilaire. Dans les deux cas il s'applique d'ailleurs, comme toujours, à des propriétés d'ordre vital.

le liquide séminal du mâle (*Gen.*, I, 95). « On connaît des insectes
où, contrairement à la règle, c'est la femelle qui introduit ses organes
génitaux dans le corps du mâle. Elle y va précisément chercher cette
puissance formatrice, que le mâle ne donne plus ici par l'intermédiaire d'un fluide séminal. C'est dans ce cas la Nature portant la
matière première chez le maître ouvrier (*Gen.*, I, 99). »

Le contact dans la matrice du liquide séminal mâle avec le plus
pur du liquide séminal femelle, a pour conséquence une sorte de
coagulation (σύνίστησις) de ce dernier. Une comparaison donnée aussitôt par Aristote permet de bien préciser sa pensée. La fécondation
rappelle ce qui se passe quand on fait cailler le lait. Le lait est le
corps, la matière de la coagulation ; mais c'est la présure qui en
renferme le principe (*Gen.*, I, 88). Le résultat, le lait caillé est du
lait uni à une chaleur vitale (*Gen.*, II, 61). Cette comparaison vient
ici d'autant mieux à point que pour Aristote le lait et le sang des
règles sont comme on le verra plus loin, d'une seule et même
nature (*Gen.*, II, 61). De même, dans l'union des sexes la matière
du corps de l'embryon est fournie par la femme, et la psyché vient
de l'homme (*Gen.*, II, 52). Une conséquence de ceci est que le corps
procréé tiendra toujours plus de la femelle que du mâle : voilà pourquoi les animaux qui s'unissent entre espèces différentes, comme
le Loup ou le Renard avec le Chien, la Perdrix avec la Poule
donnent naissance à des produits qui, à la longue, retournent à la
ressemblance de la mère. Quand on importe des graines étrangères,
les plantes se modifient par l'influence du nouveau terroir où elles
puisent leur nourriture : de même la femelle en fournissant au jeune
l'aliment aux depens duquel celui-là se développe, le modifie dans
son sens et le rapproche d'elle (*Gen.*, II, 54, 119).

Voici donc la grave question de l'hérédité soulevée, et en même
temps celle de la stérilité dans l'accouplement de certaines espèces.
Tel ne serait pas toutefois le cas des Faucons, car on en cite plusieurs fort différents qui peuvent s'unir et avoir des œufs. Pour les
poissons qui s'accouplent (= Sélaciens) notre ignorance, dit le philosophe, est complète : on cite bien le Rhinobate, qui serait une
sorte de mulet de la Rhine (espèce de Requin) et du Bakos (la Raie)
mais rien n'est moins certain. C'est surtout dans l'Afrique, déjà
signalée comme le pays du merveilleux, que le plus grand nombre
de ces accouplements d'espèces différentes se produisent, au voisinage des rares sources où se pressent les animaux pour étancher
leur soif (*Gen.*, II, 119-120).

La stérilité du mulet a beaucoup préoccupé les anciens. Empédocle, Démocrite avaient déjà traité ce sujet qu'Aristote reprend à

son tour, longuement (*Gen.*, II, 120 et suiv.). Empédocle prétendait que les deux liquides séminaux de l'Ane et du Cheval n'étant pas de même essence, donnaient par leur mélange un produit trop dur, absolument comme le bronze résultant d'un mélange de cuivre et d'étain; et que ce produit ne peut en conséquence se développer jusqu'à l'entière perfection de ses organes. Démocrite professait simplement que les conduits de la matrice chez la mule se trouvent oblitérés parce qu'elle ne provient pas de deux parents de même sorte (*Gen.*, II, 126).

L'explication d'Aristote n'est pas beaucoup plus satisfaisante, mais qui donc pourrait, dans l'état de nos sciences actuelles, en donner une ? Notre philosophe fait tout d'abord cette très intéressante remarque que les deux espèces, âne et cheval, sont déjà peu fécondes par elles-mêmes, ont déjà une sorte de tendance naturelle à la stérilité [1]. Elles ne portent qu'un petit; la femelle n'est pas en tout temps apte à recevoir le mâle; l'ânesse a tendance à rejeter la semence du mâle après le coït en urinant, à telles enseignes qu'on la fouette pour empêcher cela; l'âne d'ailleurs est un animal essentiellement froid, qui a besoin des pays chauds; il ne réussit pas chez les Scythes, ni chez les Celtes au nord de l'Ibérie; en Grèce il faut avoir la précaution de faire les saillies au printemps afin que l'ânon vienne au printemps suivant et ne souffre pas tout d'abord de la mauvaise saison [2]. Pour ces motifs et bien d'autres encore le mulet doit être infécond. A la vérité on a vu des mules concevoir, mais elles n'arrivent pas à terme et produisent ce qu'on appelle un γιννος, espèce d'être pouvant d'ailleurs provenir de l'accouplement régulier soit de la jument, soit de l'ânesse, et qui a aussi des traits de ressemblance avec certains cochons de lait difformes [3]. Les « ginnos » étaient probablement pour la plupart, des monstres appartenant au genre Cyclope, assez commun en effet dans l'espèce chevaline, mais beaucoup plus dans l'espèce porcine. La tératologie, comme on le voit, a aussi sa place dans la collection aristotélique (*Gen.*, II, 125-139), nous y reviendrons plus loin.

Les hommes peuvent être aussi parfois stériles de naissance, et le traité *De la Genèse* décrit à ce propos très exactement les Cryptor-

---

1. Il est dit à ce propos que si l'Ane ne produit pas immédiatement après sa première dentition, il restera stérile.

2. La nature froide de l'Ane est encore démontrée par ceci : « Si l'on fait saillir une jument pleine du fait d'un âne, par un étalon, on ne nuit pas à la portée; tandis que si la jument pleine du fait d'un étalon est ensuite saillie par un âne, celui-ci par le froid de son liquide séminal nuit à la venue du poulain. »

3. A la même catégorie de monstres, d'après ce passage, se rattacheraient les nains.

chides, dont les testicules ne descendent pas dans les bourses et qui
présentent toute leur vie le caractère d'eunuques (*Gen.*, II, 121) par
suite du relâchement des conduits spermatiques, comme on l'a dit
plus haut (voy. p. 75). Nous trouvons aussi dans ce même endroit
une énumération des causes plus ou moins passagères qui peuvent
produire la stérilité. Comme traits curieux de mœurs, comme préjugés anatomiques dont Aristote était à coup sûr exempt et qu'il faut
rejeter sur quelqu'un de ses continuateurs, citons le détail des
épreuves par lesquelles on s'assure que la fécondité n'est pas abolie.
L'homme sera fécond si le sperme ne surnage pas et tombe au fond
de l'eau [1]. Pour la femme, on introduira des suppositoires dans les
parties et on verra si l'haleine en prend l'odeur; ou bien on fera des
frictions autour des yeux avec une pommade dont la composition
malheureusement ne nous est pas donnée, et on verra si la salive se
colore (*Gen.*, II, 123). Si ces effets ne se produisent pas, on en con-
clura que les conduits sexuels sont bouchés. Les yeux sont en effet
les parties de la tête qui ont le plus de rapports avec les organes
génitaux, comme le montrent les yeux *battus* par le plaisir, et la
ressemblance du liquide séminal avec la substance de l'encéphale
(*Gen.*, II, 124). On croit encore dans beaucoup de campagnes et dans
l'Orient, que le sperme provient de l'encéphale par la moelle du
dos : écho lointain des anciennes erreurs que nous fait connaître ce
passage précieux mais certainement apocryphe de la collection aristotélique.

---

1. Le sperme est plus dense que l'eau et ne surnage en aucun cas. La nature
d'*écume* qui lui est attribuée (voy. ci-dessus, p. 78), n'entraînerait donc pas, en
se rapportant à ce passage, la notion d'une densité moindre que l'eau, mais seulement d'une composition intime spéciale.

X

DE L'ORIGINE DES SEXES ET DES RESSEMBLANCES

Le IVe livre du traité *De la Genèse* débute par une longue dissertation sur l'origine des sexes, sujet dont s'étaient déjà beaucoup occupés les philosophes. C'est un goût bien arrêté de l'esprit humain de s'attacher ainsi de préférence et tout d'abord aux problèmes les plus insolubles. Empédocle, Démocrite pensaient que la différence des sexes est l'œuvre de la matrice. Pour Empédocle, si la matrice est chaude [1] le produit sera mâle, femelle si elle est froide; et comme ces qualités dépendent de l'époque plus ou moins rapprochée des règles, c'est en définitive le moment où se fait la fécondation qui détermine le sexe. Démocrite admettait que le sexe du produit dépend de la prédominance de l'un ou de l'autre des deux fluides séminaux mâle ou femelle. Enfin beaucoup de physiologues au temps d'Aristote soutenaient que les mâles proviennent du côté droit, et les femelles du côté gauche (*Gen.*, III, 114).

Aristote réfute ces divers systèmes. Bien qu'il admette, lui aussi, que le côté droit est plus chaud (voy. ci-dessus, p. 30) et peut par conséquent donner un fluide séminal plus cuit, il demande qu'on prouve tout d'abord que le froid ou le chaud ont une influence spéciale sur la formation des organes génitaux et n'en ont pas sur les autres parties du corps. De plus, il déclare avoir vérifié sur nombre d'animaux terrestres ou aquatiques qui portent leurs petits (*Gen.*, IV, 18), qu'on rencontre aussi bien des embryons mâles à droite de la matrice, c'est-à-dire dans la corne droite de l'utérus, que dans la gauche chez les pluripares. Et c'est encore aux phénomènes de nutrition qu'Aristote va faire remonter la production des sexes. Il s'élève en cela bien au-dessus de ses devanciers, expliquant la différence sexuelle comme nous le faisons encore aujourd'hui. Seulement où nous disons « arrêt de développement », il dit « moindre nutrition ». Les contraires, en tant que sexes, ont donc pour unique

---

1. On a vu la chaleur de la matrice indiquée par Aristote comme une condition favorable à la fécondation, ci-dessus, p. 89.

raison le *plus* et le *moins* : ce sont ses propres expressions. Et de même que pour nous les électricités dites « contraires » correspondent simplement à des différences de quantité, de même pour Aristote, la matrice de la femelle est une sorte de quantité négative relativement aux organes en saillies (ὁ περίνεος) du mâle : chez la femme l'aliment a subi une élaboration moins complète que celle qui a produit les organes de l'homme. Par manque de chaleur ou autrement la puissance créatrice n'a pas accompli toute son œuvre. Et comme une partie importante de l'organisme ne saurait être modifiée — l'exemple des eunuques le montre — sans que les autres s'en ressentent et soient influencées à leur tour, de là découlent toutes les différences qui distinguent les deux sexes (*Gen.*, IV, 26).

Il reste à la vérité à expliquer la raison de ce *plus* ou de ce *moins* qui détermine le sexe. Quelle est-elle? où la chercher? d'où vient-elle? Il y a ici quelque obscurité. Remonte-t-elle aux parents [1]? Ce serait alors un retour aux idées de Démocrite. Cette impulsion n'aurait-elle pas plutôt sa source dans l'être déjà formé et au début de sa formation? Ce germe-là seul donnera un mâle, qui sera doué de la puissance ou de la chaleur nécessaires pour conduire à une coction parfaite le sang d'où procèdent tous les organes. Il faut donc d'abord qu'il y ait un cœur, c'est seulement ensuite qu'on pourra parler de mâles ou de femelles (*Gen.*, IV, 27), quand se seront constitués les organes des sexes. En d'autres termes, le sexe est indifférent au début : c'est plus tard quand l'embryon aura — en vertu de la puissance qui est en lui — parfait ou simplement ébauché ses organes génitaux, qu'il sera femelle ou mâle. La science moderne n'est pas beaucoup plus avancée qu'Aristote ; nous ignorons si le sexe est imprimé au futur individu dès l'instant de la fécondation, ou s'il résulte des conditions dans lesquelles l'embryon accomplit les phases initiales de son existence. La première hypothèse paraît probable ; mais rien n'a établi jusqu'à ce jour que la seconde soit fausse.

A la théorie de l'origine des sexes se rattache naturellement celle de la ressemblance, qui vient à la suite dans le traité *De la Genèse*, avec un développement presque disproportionné au reste de l'ouvrage. Si ce qui a trait à l'origine des sexes est peut-être d'Aristote, rien ou presque rien, dans ce qui suit, ne rappelle son génie. Les

---

1. Ainsi s'expliquerait que le jeune homme et le vieillard procréent plus de filles que l'homme dans la pleine force de l'âge (*Gen.*, IV, 31); parce que, dans les débuts et vers le terme de la virilité, la chaleur est moins grande. Les bergers du temps ne croyaient peut-être plus que le vent féconde les animaux, mais ils estimaient encore les vents chauds favorables à la production des mâles, et en conséquence tournaient leurs brebis vers le nord ou vers le sud pour avoir des chevreaux ou des chevrettes (*Gen.*, IV, 31).

exemples, les arguments sont de ceux que tout le monde peut invoquer sans être spécialement versé dans les sciences biologiques. D'ailleurs nous ne trouvons plus aucune allusion aux animaux. Le premier médecin venu, un peu instruit, le premier philosophe un peu disert ont pu écrire ce chapitre. Signalons toutefois avec quelle netteté s'y trouve posé dès l'abord le problème de l'hérédité. L'auteur part de ce principe que la similitude du descendant avec ses ascendants est la règle : dès qu'une dissemblance se produit, c'est que la Nature est sortie de ses voies, c'est un commencement de difformité et de monstruosité (*Gen.*, IV, 36).

Sur cette question des ressemblances comme sur les autres, l'opinion était très partagée. Les uns se rattachant évidemment à la doctrine d'Empédocle admettaient que, dans cette collision des gemmules provenant du père et de la mère, dont nous avons parlé, là où celles du mâle dominent, la ressemblance avec le père en résulte ; de même pour la mère. En cas de puissance égale des gemmules de part et d'autre, il n'y a plus ressemblance avec aucun des procréateurs. Cette opinion n'est pas celle de l'auteur aristotélique ; il répond d'abord que les liquides séminaux ne proviennent pas de toutes les parties du corps, ce qui est conforme à la doctrine du maître, et de plus qu'il serait impossible d'expliquer de la sorte les ressemblances croisées, celle de la fille avec le père, du garçon avec la mère, si fréquentes. Voici l'explication qu'il propose : le fluide séminal mâle porte en lui, comme on sait, une puissance formatrice (ἡ τοῦ ἄρρενος κίνησις), qui va incuber en quelque sorte le fluide séminal femelle appelé à fournir les premiers matériaux du nouvel être. Supposons d'abord que les conditions du fluide séminal femelle soient telles que le fluide mâle y puisse exercer sa puissance toute entière, il produira un garçon ayant la ressemblance du père. Mais supposons que le fluide mâle trouve certains obstacles à sa pleine activité, alors surviendront des écarts et dans diverses directions : si c'est du côté des organes génitaux on aura une fille, si c'est du côté du visage on aura la ressemblance de la mère et ainsi de suite.

Restent les ressemblances ataviques et c'est ici qu'il faut admirer la subtilité de notre auteur. L'Homme, la femme ne sont pas seulement *individus*, ils sont *espèce*. Le mâle en tant que puissance (liquide séminal mâle), ne représente pas que lui-même, mais toute la série de ses ascendants mâles, c'est-à-dire son espèce. La femelle, en temps que matière (liquide séminal femelle), représente de même son espèce, c'est-à-dire toutes ses ascendantes. Dès lors, qu'il se produise quelque affaiblissement dans la *qualité individuelle* de l'un ou l'autre fluide, il tendra en vertu de sa *qualité spécifique* vers le terme le plus proche, qui est ici l'ascendant de même sexe. La puissance motrice inhérente au père envisagé comme individu venant à s'affaiblir, le produit ressemblera au grand-père c'est-à-dire à l'espèce; et si elle est encore plus affaiblie, à l'aïeul. De même pour la femme, plus la plasticité de son fluide séminal diminuera, plus il tendra à donner au fruit les traits spécifiques de la grand'mère, de l'aïeule, etc...

Ce qui est vrai du corps entier, s'applique naturellement à chacune de ses parties. Cette théorie, toute ingénieuse qu'elle est, reste incomplète puisqu'elle limite de part et d'autre à chaque sexe les faits d'atavisme, et ne tient par conséquent aucun compte des cas si fréquents de ressemblance du petit-fils avec le grand-père par la mère. C'est son moindre défaut. Parlant de l'affaiblissement du principe moteur du mâle au contact des principes matériels fournis par la femelle et qu'il doit mettre en œuvre, l'auteur compare ce qui se passe à l'effet de réaction qui use l'outil sur le métal (*Gen.*, IV, 4). Cela ne veut rien dire. Soyons seulement bien persuadés que, dans vingt siècles, beaucoup des explications que nous donnons sur une infinité de phénomènes naturels, n'auront pas besoin de moins d'indulgence.

XI

LA TÉRATOLOGIE

Avec l'étude des monstres reparaît Aristote tout entier, traçant les voies à la tératologie, qui n'a de moderne que le nom, comme tant d'autres branches de la biologie. Il nous donne l'opinion de Démocrite, comme il fait presque toujours, mais le passage probablement altéré demeure fort obscur. Tout ce qu'on peut comprendre, c'est que Démocrite croyait à la préformation des monstres, en ce sens qu'ils résulteraient des conditions défavorables dans lesquels les produits mâles et femelles se sont rencontrés dès le début. Aristote, fidèle à sa doctrine *trophique*, reporte l'origine de la monstruosité au cours du développement du germe. Autrement tous les individus d'une même portée, chez les espèces pluripares, devraient être monstrueux à la fois. N'oublions pas qu'on n'avait alors aucune idée de l'individualité de l'ovule : on croyait que la femelle émet simplement, comme le mâle, un liquide qui devra se fractionner pour fournir plusieurs germes. Or Aristote constate que le nombre des monstres est proportionnel au nombre des embryons [1], non à celui des fécondations, comme cela serait le cas dans l'hypothèse de Démocrite. De là leur grande rareté chez l'homme [2] et les espèces qui n'ont qu'un

1. « S'il naît plus d'enfants monstrueux en Égypte qu'ailleurs c'est que, dans ce pays, les femmes ont beaucoup d'enfants (*Gen.*, IV, 61). » Il est possible que la maladie éléphantiasique, dont il n'est pas question dans les traités hippocratiques, ait donné lieu à cette opinion, les déformations dues à cette affection cutanée ayant très bien pu passer, aux yeux des voyageurs, pour des monstruosités.

2. Dans un autre passage de cet exposé tératologique, mais qui semble d'un auteur différent, on lit : « Chez l'homme, contrairement à ce qui existe chez les animaux, les monstruosités sont beaucoup plus fréquentes sur les enfants du sexe mâle que sur ceux du sexe femelle (*Gen.*, IV, 99). » La proportion inverse a été constatée de nos jours, et il n'existait d'ailleurs dans l'antiquité aucune source d'information certaine pour l'établir. Cette différence en faveur des mâles est attribuée, dans le passage en question, à ce que l'homme a plus de chaleur, se remue davantage dans le sein de la mère et par suite est plus facilement blessé. C'est, comme on le voit, une nouvelle doctrine de la monstruosité. Le sexe femelle est d'ailleurs déjà par lui-même une « infirmité » (ἀναπηρία, *Gen.*, IV, 101), mot profond repris par Michelet.

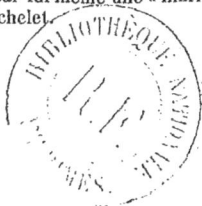

petit, leur fréquence au contraire chez les pluripares, chez les oiseaux à cause du nombre de leurs œufs et particulièrement chez la Poule, qui pond toute l'année (*Gen.*, IV, 58).

Chez les oiseaux le rapprochement des germes (= ovules) dans la matrice (= ovaire) est aussi une condition favorable à la production de monstruosités. Les germes ainsi placés l'un près de l'autre tendent à se souder comme font parfois deux fruits sur une même branche : le résultat est un œuf à deux jaunes. Quand les deux jaunes restent séparés par leurs membranes il y a simplement deux poussins. Mais s'ils sont adhérents et confondus (συνεχής), l'œuf donnera un monstre double [1], c'est-à-dire ayant une tête et un corps, quatre ailes et quatre pattes. Nous appelons aujourd'hui ces monstres des *sternopages*. Aristote en explique ainsi la formation : la partie antérieure, née du blanc de l'œuf, est apparue la première, les deux corps se sont produits plus tard exclusivement aux dépens du jaune (voy., plus loin, L'EMBRYOGÉNIE).

La question de savoir si un monstre est double ou simple sera d'ailleurs toujours jugée par l'organe central, l'organe essentiel à la vie. Tout monstre n'ayant qu'un cœur constitue un seul animal, quel que soit le nombre des parties supplémentaires (*Gen.*, IV, 83). S'il existe deux cœurs, on a devant soi deux animaux dont les germes se sont soudés au cours de leur développement.

Aristote signale aussi — mais comme beaucoup plus rares — les serpents à deux têtes. Ces monstres sont en effet loin d'être communs, même dans les grandes collections tératologiques, et on peut s'étonner que notre philosophe en parle aussi nettement. Si on en voit fort peu, dit-il, cela tient à ce que dans la matrice (= oviducte) du serpent, les œufs sont plus écartés les uns des autres que dans la matrice (= ovaire) de l'oiseau. Pour la même raison on ne verra pas de monstres doubles chez les abeilles ou les guêpes, dont les larves grandissent isolées les unes des autres par des cloisons de cire dans leurs alvéoles distincts. Certes, aux regards de la science moderne, le motif invoqué ici est aussi mauvais que possible, mais il n'en demeure pas moins parfaitement exact que les monstres doubles sont d'une rareté extraordinaire chez les insectes, si même ils existent. On a fait des collections considérables d'insectes anormaux, le muséum d'Histoire naturelle de la ville de Rouen en pos-

---

1. Il faut entendre ici ces deux vitellus « adhérents et confondus », comme n'en formant qu'un seul. De même, on a cru longtemps à la nécessité de deux germes dans l'œuf pour donner naissance à un monstre partiellement double. On sait aujourd'hui qu'il n'en est pas ainsi et qu'il est impossible d'établir même par l'inspection antérieure de la « cicatricule », que tel œuf donnera un poulet normal ou un monstre double.

sède une fort belle : il ne s'y trouve pas un seul exemple d'insecte à deux têtes ou à deux abdomens, méritant véritablement le nom de monstre double.

La chèvre et la brebis mettent souvent bas des monstres. Ils sont encore plus fréquents chez les animaux digités et qui ont beaucoup de petits, comme le chien. Leur formation dans ces espèces est d'autant plus aisée que les petits aissent avant leur complet développement et très peu semblables aux parents. Faisant allusion sans doute à quelque théorie en vogue, Aristote se demande jusqu'à quel point la faculté de mettre plusieurs petits au monde est en rapport avec l'apparition de membres supplémentaires; et celle de n'avoir qu'un seul petit, avec les monstruosités par défaut (Gen., IV, 65) [1]. En fait, il n'est pas rare, répond le philosophe, de voir des enfants avec plus de cinq doigts à la main et d'autres qui n'ont qu'un seul doigt.

Les hermaphrodites ne sont pas oubliés. Certains êtres viennent au monde avec des organes mâles et des organes femelles : on a observé ceci chez l'homme [2] et chez le Bouc où ces sortes de monstres ont même un nom, on les appelle τράγαινα. A signaler encore une description très intéressante de l'hypospadias, bien qu'elle ne soit probablement pas d'Aristote, avec cette remarque que quand

---

1. Il semble que la réponse directe à cette question se trouve plus loin dans la suite de l'étude tératologique que nous résumons, dans un complément ajouté sans doute par une main étrangère et qui se relie d'ailleurs assez mal au reste : « l'existence de membres surnuméraires y est rapportée à la même cause que la formation des jumeaux (Gen., IV, 79), à la présence dans le germe de plus de matière que la nature de l'organe ne l'exige (Gen., IV, 79). Dès lors cet organe devient trop gros, hypertrophique. Mais il peut arriver également qu'une division se produise dans cette matière en excès, au cours du mouvement (vital) qui lui est imprimé par l'acte de la fécondation ; alors il se formera plusieurs membres au lieu d'un seul, comme ces tourbillons qu'on voit dans les fleuves se dédoubler contre un obstacle et former deux tourbillons animés du même mouvement. La substance détournée de sa direction primitive et du mouvement auquel elle devait tout d'abord obéir, n'en continue pas moins de participer à la formation d'une partie [identique à celle] pour laquelle elle était en surcroît (Gen., IV, 81). Quant à la monstruosité par défaut d'un membre ou d'une partie de membre, elle doit être rapportée aux mêmes causes qui font que l'être entier s'étiole; et il existe dès l'origine du développement du germe beaucoup de ces causes d'étiolement (Gen., IV, 81). »

2. « Dans les cas d'organes sexuels doubles, un des organes est légitime, l'autre est en surcroît : on voit, en effet, qu'il est généralement moins développé, comme une partie non naturelle, comme une sorte d'excroissance (Gen., IV, 80). Si le principe formateur (mâle?) (κρατήσαντος τοῦ δημιουργοῦντος) domine absolument, les deux organes seront semblables; mais s'il ne domine qu'en partie et est dominé en partie (par le principe femelle?); il se formera un organe mâle et un organe femelle (Gen., IV, 81). » Ce passage, on le voit, n'est pas en parfait accord avec la doctrine aristotélique, tant sur la production des sexes que sur celle des monstres. Voy. note précédente.

l'anomalie en question se complique d'absence des testicules, l'individu a tous les caractères d'un hermaphrodite. C'est au reste le nom qu'on leur donne encore aujourd'hui communément [1]. Il n'est pas douteux que l'auteur, sans doute quelque médecin, dont la main se retrouve dans plusieurs passages relatifs à la tératologie, n'ait eu tout le loisir d'examiner un ou plusieurs sujets atteints de la malformation qu'il décrit si bien (*Gen.*, IV, 84).

« On dit parfois que des enfants viennent au monde avec une tête de bélier ou de bœuf; inversement on parle de veaux nés avec une tête d'enfant, ou de chevreaux ayant une tête de bœuf. » Ces propos qu'on tenait à Athènes, s'entendent encore de nos jours dans les classes peu éclairées de la société. L'auteur du traité *De la Genèse* marque bien qu'il s'agit ici de simples « ressemblances » et nullement de monstres participant à la fois de deux espèces, comme suffirait à le prouver, dit-il, la durée différente de la gestation chez l'homme, la brebis, le chien, le bœuf. L'argument est en effet très juste et répond d'avance aux imputations de bestialité ou d'accouplements irréguliers entre animaux, qu'on invoquait sans doute en ce temps-là pour expliquer ces prétendues ressemblances, et que l'ignorance entretient encore au fond de nos campagnes. La Nature, dit l'auteur aristotélique, agit tout simplement ici un peu comme ces *physionomistes* qui arrivent à dégrader progressivement le visage de l'homme en celui de tel ou tel animal. On voit que le procédé de caricature qui a fait la célébrité d'un procès politique sous Louis-Philippe, n'est pas nouveau; c'est également celui qu'emploie Lavater dans ses *Essais sur la Physiognomie* pour nous montrer comment on peut descendre par dégradations successives de la tête de l'Apollon du Belvédère jusqu'à celle d'un crapaud.

Les organes intérieurs présentent des anomalies non moins fréquentes que les membres ou le visage; ils peuvent être déformés ou manquer, déplacés ou en nombre trop grand. On comprend qu'il ne s'agit plus ici de l'homme, mais seulement des animaux chez lesquels ces anomalies devaient d'autant plus fixer l'attention que les prêtres avaient l'étroit devoir de les observer dans les sacrifices. Aussi l'énumération en est-elle longue. Et d'abord on n'a jamais vu d'animal sans cœur, tandis que la rate manque souvent, d'autres fois elle est double. Le rein peut être unique. Aucun animal n'a jamais été vu non plus sans foie, mais ce viscère est dans certains cas plus ou moins incomplet. Parmi les espèces qui ont une vésicule du fiel, quel-

---

1. Voir de nombreux exemples connus dans la science, et celui tout récemment publié par M. le Dr Pozzi.

quefois elle n'existe pas. Même l'inversion des viscères est connue d'Aristote ; il signale des exemples où le foie a été trouvé à gauche et la rate à droite. Toutes ces anomalies, ajoute-t-il, ont été observées sur des animaux adultes, mais le nombre des monstres qui naissent est beaucoup plus grand (*Gen.*, IV, 67) : ceux qui s'éloignent peu de la nature restent en vie, ceux qui s'en éloignent davantage succombent, principalement si la monstruosité porte sur des organes essentiels.

Enfin signalons, bien qu'on doive en faire honneur sans doute à un autre qu'au Stagirite, probablement au même praticien qui décrivait si bien l'hypospadias, quelques observations non moins remarquables sur diverses malformations congénitales auxquelles savent remédier le chirurgien ou le vétérinaire, par exemple quand les conduits sont bouchés et détournés de leur voie naturelle. On trouve des femmes qui présentent une atrésie de la matrice (= vagin) : quand l'approche des règles cause de trop grandes douleurs, les chirurgiens pratiquent artificiellement une ouverture. L'atrésie de l'anus se présente aussi, tout particulièrement chez la Brebis (*Gen.*, IV, 84). On cite le fait d'une génisse, à Périnthe, qui rejetait avec les urines une partie de ses excréments : le vétérinaire lui ouvrit l'anus et elle guérit (*Gen.*, IV, 85). Le fait n'a en lui-même rien d'extraordinaire. Il devait s'agir ici d'une atrésie congénitale de l'anus compliquée de fistule recto-vaginale, et la bête a très bien pu guérir après l'opération.

En résumé, pour Aristote, les monstruosités ne sont que des degrés plus ou moins accusés de dissemblance par excès ou par défaut. Elles sont anormales mais ne sont pas contre nature, elles s'écartent simplement du cours ordinaire des choses (*Gen.*, IV, 63). Rien ne peut être contre nature. Que de supplices, que de crimes juridiques évités ! si cette doctrine véritablement scientifique et à laquelle nous n'avons rien à reprendre, ne s'était obscurcie dans la suite pendant la longue nuit du moyen âge. Il a fallu recommencer l'éducation de l'humanité et nous n'avons pas encore débarrassé de toutes les ronces accumulées l'ancien champ, si admirablement cultivé par les Grecs, de l'intelligence humaine.

XII

L'EMBRYOGÉNIE

On a souvent célébré les observations d'Aristote sur l'œuf de la poule. L'importance attribuée par lui au cœur qu'il voit battre dès le troisième jour d'incubation, lui a valu cette renommée. Toute la partie du IIIe livre du traité *De la Genèse* qui s'occupe de la constitution et du développement de l'œuf, est loin cependant d'être aussi remarquable qu'une foule d'autres passages également relatifs à l'embryogénie (*Gen.*, III, 41, *et passim*).

Dans l'œuf, le blanc et le jaune sont séparés par une membrane (*Gen.*, III). Il existe en effet une « membrane vitelline » autour du jaune, qui ne garde sa forme sphérique que tant qu'elle est intacte; mais ce passage fait probablement allusion aux *chalazes*, formées de la couche d'albumen plus dense appliquée contre le vitellus, et tordue en deux sortes de cordons flottants du côté du gros et du petit bout.

« Le jaune est de nature terreuse, car il change à peine de volume quand il sèche à l'air, tandis que le blanc se réduit beaucoup en laissant échapper l'aqueux qu'il contenait (*Gen.*, III, 24-25). Le jaune durcit par l'action du froid; il devient au contraire liquide quand il est échauffé soit par l'oiseau qui couve, soit par la terre, pour les animaux qui y déposent leurs œufs (*Gen.*, III, 39) [1]. A l'inverse le blanc se liquéfie par l'action du froid, et au feu devient dur : c'est la raison pour laquelle il se condense à mesure que grandit le poussin (*Gen.*, III, 40). » Cela signifie simplement que les organes du nouvel être résultent d'une sorte de coction du blanc, car c'est du blanc qu'Aristote fait provenir l'embryon (voy. plus loin). En réalité l'albumen du poulet se liquéfie plutôt au cours de l'incubation.

Ce qui a trait à la formation des œufs est assez peu explicite. « Les

---

1. On lit plus loin : « Le jaune exposé au chaud (à une chaleur douce évidemment, comme celle de l'incubation) ne se solidifie pas parce qu'il est de la même nature terreuse que la cire. » Ce rapprochement était dû sans doute aussⁱ en partie à la couleur du vitellus.

tout jeunes œufs qu'on aperçoit en développement dans la matrice
(= ovaire) de la poule, sont simplement le fluide séminal femelle
sécrété à cette place sous la forme d'une masse blanche [1]. Celle-ci
attirant le sang à elle devient jaune. Elle se nourrit aux dépens des
parois de la matrice, comme l'embryon des vivipares y puise son aliment au moyen du cordon (*Gen.*, III, 17). Puis quand la chaleur
commence à l'abandonner (?), ce vitellus produit autour de lui sa
couche d'albumen (*Gen.*, III, 25); « l'œuf reste mou aussi longtemps
qu'il grossit (*Gen.*, I, 17), et il est pondu dans l'état de mollesse;
mais sa coque se durcit aussitôt (*Gen.*, III, 30) en perdant de son
humidité ». L'auteur aristotélique semble donc croire que, jusqu'au
moment d'être pondu, l'œuf reste attaché au corps de la poule
par une sorte de cordon ombilical ayant servi à le nourrir et dont
on ne retrouve plus la trace sur la coque (*Gen.*, III, 32). Sans attribuer au Stagirite cette singulière méprise, il est assez difficile de
l'expliquer. Est-ce encore les chalazes qui, quoique intérieures, ont
pu y donner lieu? ou l'observation, dans le corps de l'oiseau, de l'oviducte tordu au-dessus de l'œuf arrivé presque au bout de sa course?
ou bien encore les prolongements que présentent parfois certains
œufs à l'extrémité de leur grand axe, prolongements revêtus d'une
coque moins dure ou tout à fait molle?

Aristote semble savoir que tous les œufs sont clairs [2] par origine
(*Gen.*, III, 71) et ne deviennent féconds que si le coq a côché en
temps utile (*Gen.*, III, 75), c'est-à-dire pour lui : avant que le blanc
se soit séparé du jaune (*Gen.*, III, 71), notre philosophe croyant
que celui-là est une sécrétion de celui-ci. Il ignore les fonctions de
l'oviducte, mais à part cela ses vues sont parfaitement exactes. Il
s'élève contre l'opinion de ceux qui voyaient, dans les œufs ovariens
de la poule, des résidus de fécondations antérieures. « On pourra se
convaincre de la fausseté de cette doctrine, dit-il, en examinant des
poussins ou de petites oies; on trouvera qu'ils ont des œufs dans
le ventre; ces œufs sont le principe des œufs clairs (*Gen.*, III, 18), si
le liquide séminal du mâle ne vient pas à temps en faire des œufs
féconds. »

« Il faut toujours un certain temps pour que le germe se constitue
par le mélange des deux liquides séminaux. Chez la femme plusieurs
jours sont nécessaires. L'accouplement des insectes n'est aussi long
que parce qu'il dure tout le temps que mettent les germes à se former

---

1. C'est en effet la couleur des vésicules de Graaf à l'origine.
2. Voyez, sur les œufs clairs, p. 26, n. 1; et de longs détails, *Hist. anim.*,
VI, VII.

(*Gen.*, I, 101) : la preuve en est que la femelle dépose aussitôt ses œufs ou mieux ses *scolex*. Car tous les animaux ne pondent pas des œufs, les Insectes et beaucoup de Testacés se reproduisent par des *scolex* (*Gen.*, II, 6). » Ce nom avec le sens que lui donne Aristote, n'a aucun équivalent dans notre langage scientifique moderne et le mot « larve » le rendrait imparfaitement, nous croyons préférable de le transcrire. Il désigne souvent tout à la fois l'œuf et l'être qui en sort. Aristote tombe ici dans une grave confusion. Comme nous l'avons vu faire pour les reins et les testicules, il méconnaît les œufs dès que ceux-ci ne se présentent plus avec les caractères généraux des œufs des oiseaux, avec une coque, un albumen et un vitellus; d'autres fois il se trompe en croyant y retrouver ces parties, comme dans l'œuf des Poissons téléostéens par exemple. Enfin beaucoup de Testacés d'après lui naissent aussi par genèse spontanée; il en sera reparlé plus tard.

L'œuf des animaux est complet ou incomplet. Il est complet quand il possède bien nettement un jaune et un blanc (*Gen.*, I, 20). Il est incomplet, quand on ne distingue point ces deux parties ou quand elles se séparent tardivement, ce qui arrive chez les Poissons (téléostéens) après l'imprégnation (*Gen.*, III, 72). Cette opinion s'explique très bien en supposant qu'Aristote prend pour un albumen les premiers rudiments de l'embryon et appelle *jaune* le contenu de la vésicule ombilicale, bien distinct chez certaines espèces, en parti-culier les Salmonides [1]. Nous avons indiqué déjà, et nous y revien-drons, que pour notre philosophe l'embryon se forme d'abord aux dépens du blanc. De plus l'œuf doit toujours être fécondé avant la production de l'albumen. Or l'albumen (l'embryon) se formant chez les poissons après l'imprégnation, il en résulte que chez ces ani-maux le moment de la fécondation reste indifférent, tandis qu'elle doit se faire chez la poule, comme on l'a vu, à un moment précis, c'est-à-dire avant que le vitellus n'ait sécrété son albumen indé-pendamment du contact du fluide mâle. Comme les Poissons, les Crustacés ont des œufs incomplets. L'existence ou non d'œufs, leur constitution, leur mode de développement ont d'ailleurs, chez les diverses espèces d'animaux, la plus grande importance et sont une des bases sur lesquelles Aristote asseoira leur classification (*Gen.*, I, 20) [2].

Les *vivipares*, qui possèdent un principe plus pur (= degré supé-rieur d'organisation) parce qu'ils respirent, produisent à l'intérieur

---

1. Toutefois ces poissons ne sont pas cités dans l'*Histoire des animaux* (Voy. le catalogue de MM. Aubert et Wimmer, *Aristoteles Thierkunde*, 1868).

2. Voy. plus loin LA ZOOLOGIE.

de leur corps un petit vivant. L'homme, le Cheval, le Chien, tous les animaux couverts de poils sont dans ce cas, et parmi les animaux aquatiques le Dauphin, la Baleine, et les autres cétacés. Mais ce petit provient lui-même d'un œuf. Il vit d'abord aux dépens de la nourriture fournie par cet œuf, puis, quand il l'a épuisée, aux dépens de la matrice à laquelle l'œuf reste adhérent (*Gen.*, II, 45).

Les *ovipares* proprement dits pondent extérieurement des œufs complets. Ici se rangent les oiseaux et un certain nombre de quadrupèdes (reptiles) auxquels il faut joindre la plupart des serpents, car la Vipère fait exception.

Les *ovovivipares* pondent à l'intérieur de leur corps des œufs complets semblables à ceux des ovipares, mais qui achèvent là leur développement. Les Sélaciens, les Vipères sont dans ce cas. Chez ces animaux, la coque de l'œuf est toujours délicate et cette délicatesse est la raison même pour laquelle l'éclosion doit se faire à l'intérieur du corps : au dehors les œufs périraient, étant mal protégés. A mesure qu'ils avancent en âge, ils s'éloignent du diaphragme et descendent vers les parties basses ; leur développement est d'ailleurs en tous points comparable à celui des œufs des ovipares.

Certains animaux pondent des œufs incomplets, *immatures*, pour employer une expression familière aux entomologistes et qui s'applique assez bien ici. Ces œufs en effet s'accroissent encore après la ponte : on les trouve chez les Poissons proprement dits, les Crustacés, les Mollusques (= Céphalopodes). La raison pour laquelle les poissons pondent des œufs incomplets [1] et qui devront grossir au dehors, s'explique de la façon suivante : « Il faut que ces animaux aient beaucoup d'œufs ; or si ces œufs devaient mûrir à l'intérieur du corps le nombre s'en trouverait forcément restreint. Ils doivent donc grossir à l'extérieur. Au reste c'est une règle, que chez tous les êtres appelés à une grande multiplication, animaux ou plantes, le volume du produit, œuf ou graine, diminue et fait place au nombre. »

Les Insectes ne pondent pas d'œufs, mais des scolex. Les scolex n'ont pas besoin d'éclore, ils grossissent dès leur venue au monde sans qu'on distingue en eux aucun organe. Nous y reviendrons.

Aristote, avec ce sentiment des corrélations organiques qu'il a si développé, découvre un rapport entre la nature des œufs et les animaux qui les pondent. Les oiseaux et les animaux à écailles, qu'il rapproche toujours [2], pondent des œufs *complets* en raison de leur

---

[1]. « Les poissons ressemblent jusqu'à un certain point aux animaux qui pondent des scolex (*Gen.*, III, 70). »

[2]. Nos classifications modernes les confondent souvent sous le nom de « Sauropsides ».

propre chaleur (« chaleur » marquant ici comme toujours la dignité organique), et avec une coque en raison de la dureté de leur peau. Les Sélaciens ont leur chaleur en partie tempérée par l'eau ; de plus ils n'ont ni plumes, ni plaques, ni écailles, les signes ordinaires d'une nature sèche et terreuse [1] : ils pondent en conséquence des œufs mous comme eux-mêmes, et de plus ils devront garder dans la matrice ces œufs mal défendus. Toujours en vertu des mêmes corrélations, les Poissons, qui sont couverts d'écailles, et les Crustacés pondent des œufs à coque résistante. Les Mollusques (= Céphalopodes), dont le corps est gluant, pondent des œufs enveloppés de mucus (*Gen.*, II, 12).

L'œuf n'est en définitive qu'une graine et inversement « ce sont des œufs que porte le robuste olivier », avait chanté Empédocle [2]. Chez la plante les sexes restent confondus dans un étroit mélange [3], elle donne directement son germe. Chez l'animal la fécondation est nécessaire pour que ce germe se produise, c'est l'œuf. Et de même qu'une partie de la graine deviendra la plantule et une autre servira à nourrir sa jeune tige et la première racine ; de même, dans l'œuf, une portion produit le jeune animal, le reste sert à le nourrir (*Gen.*, I, 100). Mais pour Aristote le vitellus remplit seul et dès le début le rôle d'aliment, il est comme une sorte de lait, au lieu que ce rôle exclusivement nutritif appartienne à l'albumen comme l'avait prétendu, paraît-il, Alcméon et comme beaucoup de physiologues le soutenaient encore (*Gen.*, III, 33). Nous ignorons si les pythagoriciens faisaient naître le jeune poulet du vitellus. Ce serait un titre de gloire à ajouter à ceux de la plus ancienne école scientifique du monde. Il est fort possible que l'opinion d'Alcméon reposât seulement sur l'apparence laiteuse que prend l'albumen de l'œuf du poulet au cours de l'incubation. Pour Aristote c'est du blanc que naît l'embryon, et l'albumen est la partie importante de l'œuf. Nous avons dit comment l'observation de certains œufs de Poisson où Aristote croit voir un albumen se séparer du vitellus après l'imprégnation avait pu aider à cette erreur ; il faut sans doute en rechercher l'origine dans les caractères physiques mêmes des tissus de l'embryon du poulet, qui le rapprochent beaucoup plus, au début de l'incubation, de l'albumen incolore et transparent que du vitellus opaque et coloré. Apparaissant à la limite des deux substances, en contact avec l'une autant qu'avec l'autre, on fut tout naturellement

1. Voy. ci-dessus. p. 29.
2. Voy. S. Karsten. *Empedocles*, v. 245.
3. Voy. ci-dessus, p. 81.

porté à faire dériver le nouvel être de celle dont il se rapprochait le plus par l'aspect.

Aristote croit aussi que, chez la poule, l'embryon se développe vers la petite extrémité de l'œuf. Est-ce parce que le poulet ouvre finalement sa coque par le bout opposé? Faut-il admettre plus simplement que notre philosophe observant les premiers développements ouvrait l'œuf par le petit bout, ou prenait des œufs placés verticalement dans des couvoirs artificiels? On sait que la cicatricule, qui marque sur le vitellus l'origine de l'embryon, tend toujours à se placer et se place en général très vite au zénith, quelle que soit la position des œufs. Nous les ouvrons par le côté; si Aristote les ouvrait par le petit bout, il a dû voir les choses comme il le rapporte. C'est un nouvel exemple de ces erreurs que la moindre attention, semble-t-il, eût suffi à écarter et dans lesquelles sont cependant tombés, durant des siècles, les meilleurs et les plus grands esprits.

La chaleur favorise le développement, celle du corps de la poule n'a pas en cela d'autre vertu que la chaleur du sol auquel certains oiseaux et les ovipares terrestres abandonnent leurs œufs. En ce cas plus la saison est chaude, plus l'incubation est rapide (*Gen.*, III, 37). L'excès de chaleur toutefois fait souvent tourner les œufs, comme il fait tourner le vin (*Gen.*, III, 37).

Aristote a vu les battements du cœur dès le troisième jour (*Gen.*, III, 41-45); le cœur est donc le premier organe qui apparaisse, et il est le seul tout d'abord. Comment en effet les autres échapperaient-ils à la vue puisque plusieurs sont plus gros que le cœur? Le cœur, premier apparu en vertu de l'impulsion communiquée au germe, fournit à son tour l'impulsion en vertu de laquelle va se former le reste de l'organisme.

Du troisième jour nous passons à une époque de l'incubation beaucoup plus avancée. Alors on voit partir du cœur et de la Grande veine qui en naît, deux cordons. L'un va à la membrane qui enveloppe le jaune (= circulation ombilicale), l'autre à l'espèce de chorion appliqué au dedans de la coquille (= circulation allantoïdienne). Chez les Sélaciens ce second cordon et ce chorion font défaut, l'œuf n'ayant pas de coquille proprement dite [1]. Quant au chorion des oiseaux il disparaît, se flétrit plus tard, pour laisser passage au poussin. Au cours de l'incubation le vitellus s'est ramolli, et les vaisseaux répandus à sa surface y puisent une nourriture liquide, car l'embryon est une sorte de plante et comme telle ne peut se nourrir que de liquides. Le jaune d'ailleurs rentre finalement avec

1. Voy. ci-dessus, p. 105.

son cordon dans le corps du poussin avant le moment où il brise sa coquille. Et alors devant ce spectacle, une singulière et spécieuse conception se présente à l'esprit du philosophe : le jaune, c'est une partie détachée de la mère; la coque elle-même qui enveloppe l'embryon est une véritable matrice; cette matrice va donc renfermer à la fois le fruit enveloppant lui-même une portion de la mère, par une sorte de renversement de ce qu'on observe chez les quadrupèdes vivipares où c'est la mère qui contient la matrice qui renferme à son tour le fruit.

Chez l'homme, le germe formé au bout de quelques jours par la conjonction des deux liquides séminaux mâle et femelle, comme on l'a vu, n'a au début qu'une sorte de vie végétale, *végétative* dirions-nous aujourd'hui [1]. Il est comme la graine portant en elle une nourriture qui remplit le rôle de lait. Ce germe, tel que l'imagine Aristote — et nous pouvons ajouter tel qu'il est réellement — contient en lui, à côté de la portion qui forme l'embryon, une masse nutritive pour subvenir à ses premiers besoins : c'est seulement après épuisement de celle-là que les vaisseaux du cordon commenceront à fonctionner, comme la graine après avoir épuisé la substance des cotylédons enfonce sa radicule dans la terre (*Gen.*, II, 68). L'embryon à partir de ce moment tire sa nourriture de la matrice; de cette nourriture le cœur fait du sang, c'est sa propre fonction. — En même temps l'extérieur du germe se durcissant forme les membranes, dont l'une s'appelle hymen (= amnios) et l'autre chorion (*Gen.*, II, 61). Elles se distinguent, comme les méninges, par le plus et le moins, c'est-à-dire que l'une est épaisse et l'autre mince. On les retrouve dans l'œuf des ovipares pendant l'incubation. Une ancienne opinion encore partagée au temps d'Aristote voulait que l'enfant se nourrît du corps même de la matrice en suçant ses parois. Le philosophe la réfute sans peine, car s'il en était ainsi, dit-il, les embryons des autres vivipares feraient de même; or il est aisé de s'assurer, en ouvrant leur matrice, que chaque fœtus y est toujours enveloppé de membranes qui l'isolent complètement. Comment d'ailleurs se développeraient en ce cas les ovipares, hors du corps de la mère?

On a vu que la vie du germe était d'abord comparable à celle des végétaux. Un peu plus tard l'existence de l'embryon a quelque rapport avec le sommeil; toutefois ce n'est point le sommeil (*Gen.*, V, 8), parce qu'il n'y a pas sommeil sans réveil (*Gen.*, V, 8), c'est-à-dire sans alternatives de veilles. Enfin le fœtus devient vraiment animal

---

1. « Ce germe n'est pas sans analogie avec un scolex en ce qu'on n'y distingue aucun organe et que cependant il grandit (*Gen.*, II, 80). »

quand il acquiert le sentiment (αἴσθησις) [1]. A partir de cette époque seulement on peut dire de lui qu'il dort [2], et il dort surtout en raison du développement précoce, de la lourdeur de sa tête [3]. Mais il a aussi ses moments de veille, comme le montre l'examen des embryons dans la matrice ou des poulets dans l'œuf (Gen., V, 9). Aristote pour parler ainsi avait certainement observé l'agitation très vive que présentent les jeunes poulets (dès le douzième jour de l'incubation), et les mouvements des fœtus des vivipares dans la matrice. Un médecin, s'il avait écrit ce passage, n'eût pas manqué sans doute de signaler ceux de l'enfant dans le sein de la mère. Mais revenons aux phénomènes embryogéniques proprement dits.

Le cœur, principe des veines comme de tous les organes (Gen., II, 65), donne d'abord deux veines qui en partent et qui fournissent d'autres veines plus petites pénétrant dans la matrice. Ce sont elles qui constituent le cordon avec l'enveloppe qui les protège (Gen., II, 66). Le nombre de ces veines est d'ailleurs en rapport avec le volume des animaux : trois chez les plus grands comme le Bœuf, une chez les plus petits, deux chez ceux de taille moyenne (Gen., II, 113). Nous avons déjà vu la taille des animaux régler le nombre des cavités cardiaques [4] : c'est le même ordre d'idées, mais on pouvait ici plus facilement éviter l'erreur. Aristote décrit très bien les *cotylédons* qui tiennent lieu de placenta aux Ruminants et aux Porcins [5]. Il les compare à des sortes de tumeurs passagères (Gen., II, 115). Il se trompe toutefois en croyant qu'ils diminuent à mesure qu'approche le terme de la gestation. En réalité, ils ne cessent pas de grandir, mais comme leur accroissement n'est pas proportionnel à celui du corps du fœtus, ils ont l'air en effet de diminuer de volume par rapport à lui. Nous disons tous les jours couramment en embryogénie, que tel ou tel organe s'atrophie, pour signifier simplement qu'il ne s'accroît pas en proportion du reste du corps.

L'ordre dans lequel apparaissent les organes chez l'embryon avait déjà préoccupé les anciens physiologues (Gen., II, 82). Cet ordre, pour Aristote, est réglé par leur utilité même et la part qu'ils prennent à la formation des autres (Gen., II, 84). Le cœur était le premier : tout va donc graviter autour de lui. Après le cœur, se dessinent les viscères situés dans son voisinage immédiat au-dessus

1. Comp. ci-dessus, p. 25-26.
2. « Le sommeil n'est-il pas l'intermédiaire entre la mort, c'est-à-dire le néant, et la vie? (Gen., V, 7) ».
3. Voy. ci-dessus, p. 67.
4. Ci-dessus, p. 46.
5. « La plupart des animaux à dentition complète, ou de petite taille, dit ailleurs Aristote, n'ont pas de cotylédons. »

du diaphragme (*Gen.*, II, 79), les parties supérieures, la tête d'abord trop lourde avec son encéphale complètement fluide [1]. Plus tard seulement apparaîtront les parties inférieures, les membres très grêles au début, puis les pieds et les mains, enfin les paupières qui vont rester longtemps closes chez les carnassiers (*Gen.*, II, 84, 101). Au contraire les yeux se sont formés de très bonne heure, en même temps que l'encéphale, auquel ils se relient directement, comme on l'a vu plus haut. Chez tous les animaux qui marchent, qui nagent ou qui volent, les yeux grandissent d'abord très vite, mais ensuite leur évolution se ralentit (*Gen.*, II, 96) et ce sont eux qui achèvent les derniers leur développement.

Les os apparaissent aussi de très bonne heure, avant l'époque où le germe va cesser de se nourrir sur lui-même; ils se forment donc tout d'abord aux dépens de sa substance, et plus tard seulement aux dépens de l'aliment extérieur (*Gen.*, II, 105), c'est-à-dire ici aux dépens du sang maternel. Ce passage, si nous l'interprétons bien, est important parce qu'il montre combien Aristote fait durer tard le développement indépendant du germe puisant tout en lui-même, comme la graine. On peut conjecturer qu'il assigne pour limite à cette première période l'époque où l'œuf contracte avec la muqueuse utérine des rapports intimes et qui ne peuvent plus être rompus sans déchirer celle-ci. Peut-être s'était-il renseigné par des dissections, peut-être n'était-il pas sans connaître le fait, certainement observé par les matrones athéniennes, d'œufs rejetés dans les débuts de la grossesse soit avec l'embryon, soit après fonte de celui-ci. Il semble faire allusion à des accidents de ce genre (*Gen.*, III, 80), quand il parle de germes enveloppés d'une peau molle et qu'on désignait sous le nom de φθορά. Les nerfs, comme les os, dérivent directement du germe, tandis que les ongles, les cheveux, les sabots et les cornes, auxquels il faut joindre le bec et les ergots des oiseaux, se montrent tardivement et se forment aux dépens de l'aliment extérieur (*Gen.*, II, 107) puisé dans les parois de la matrice chez les vivipares, dans le vitellus chez les ovipares. ·

La théorie de la coalescence des deux fluides séminaux mâle et femelle, quelque part d'ailleurs qu'on attribue à chacun dans la constitution du germe, n'expliquait pas comment certains animaux ont plusieurs petits, et comment plusieurs embryons peuvent ainsi se former au lieu d'un seul d'un volume plus gros (*Gen.*, IV, 72). En réalité la question n'a été définitivement résolue que 2000 ans plus

---

[1]. L'encéphale de l'embryon est en effet beaucoup moins consistant que celui de l'adulte.

tard par la découverte de Graaf. Mais on la discutait déjà. Certains physiologues prétendaient que les animaux sont pluripares quand plusieurs places de la matrice jouissent de la propriété d'attirer à elles le fluide séminal mâle [1] et le divisent, d'où résulte la formation de plusieurs germes. Aristote combat cette opinion, mais sa doctrine ne ressort pas bien d'un passage probablement altéré. Il semble admettre tout simplement qu'une quantité de fluide séminal mâle et femelle nécessaire à la constitution soit d'un seul germe, soit de plusieurs, appartient en propre à chaque animal au même titre que sa taille spéciale ou telle autre particularité qui le distingue. Une petite espèce pourra être relativement beaucoup plus riche en fluide séminal et avoir plus de petits qu'une autre espèce plus grosse, où le fluide séminal sera plus abondant d'une manière absolue, mais juste suffisant pour la formation d'un seul embryon chez cette espèce (*Gen.*, IV, 76). La surabondance de fluide d'un seul côté, mâle ou femelle, n'a ici aucun effet : c'est absolument comme le feu qu'on peut augmenter sans rendre l'eau plus chaude à partir du moment où elle a commencé de bouillir (*Gen.*, IV, 74). Toutefois, chez l'homme et chez les animaux qui n'ont naturellement qu'un petit, si une trop grande quantité de fluide séminal est produite des deux côtés et suffisante à la formation de deux embryons, on aura des jumeaux. Mais cela est déjà une chose extraordinaire (τερατώδης) et en quelque sorte un premier degré vers la production de monstres [2].

La superfétation est une question qui paraît avoir été souvent discutée par les anciens et il existait même du temps d'Aristote un ouvrage sur ce sujet spécial, d'un certain Léophanes [3]. Selon les espèces, dit le traité *De la Genèse*, la superfétation est toujours possible, ou n'est possible qu'à certaines époques, ou ne l'est jamais (*Gen.*, IV, 86). Chez les grands animaux et l'homme elle est possible pourvu que la seconde approche du mâle suive de peu la première ; on cite des cas ; mais ils sont rares, parce que la matrice de la femme se clôt après la conception. S'il y a malgré cela superfétation le second fruit ne pourra venir à bien, il est expulsé comme une fausse couche (*Gen.*, IV, 88).

La superfétation paraît au contraire fréquente chez les animaux pluripares et de petite taille, toujours riches en liquide séminal. Chez eux, même alors que la seconde approche du mâle a été tardive la femelle peut mener à terme sa nouvelle portée (*Gen.*, IV, 92). En

1. Comp. ci-dessus, p. 89.
2. Voy. ci-dessus la TÉRATOLOGIE.
3. Il est possible que ce traité soit celui que nous possédons dans la collection hippocratique.

effet chez ces animaux la matrice est large, de plus elle ne se ferme pas afin que la surabondance de fluide séminal femelle inutilisée à la suite du premier coït puisse s'écouler au dehors. On conçoit dès lors que cet excédent fécondé à nouveau par le mâle fournisse la nouvelle gestation. N'a-t-on pas observé d'ailleurs des femmes chez lesquelles les règles ont continué pendant toute la durée de la grossesse (*Gen.*, IV, 93-94)? Pour le Lièvre la superfétation est le cas ordinaire. La hase qui met bas des petits complètement développés, en porte souvent d'autres imparfaits (*Gen.*, IV, 94). L'erreur, ici, est due à ce qu'on trouve en effet souvent, à côté de fœtus vivants, les cadavres toujours assez bien conservés d'autres petits morts au cours de la gestation.

Tous les animaux ne naissent pas dans le même état. Certains, comme les Solipèdes, les Fissipèdes mettent bas des petits complètement formés; d'autres des petits imparfaits, immatures (ἀδιάρθρωτος), presque comparables à des scolex (*Gen.*, IV, 95). Tous les digités sont dans ce cas [1], le Loup, le Chien, le Thôs [2], le Lion, le Renard et l'Ours [3] chez qui cette particularité est restée légendaire. L'origine de ceci est que la mère, dans ces espèces, peut bien nourrir les embryons tant qu'ils sont de petite taille, mais ensuite ne le peut plus, ils sont alors évacués. En d'autres termes ils viennent au monde imparfaits parce que la mère n'a pas en elle la puissance de les nourrir tard, et ils sont imparfaits parce qu'ils viennent trop tôt (*Gen.* IV, 98).

La Truie, seule parmi les digités, fait exception sous ce rapport et met bas des petits parfaits. Cet animal n'est pas au reste sans causer quelque embarras à notre philosophe, qui lui découvre à la fois et très justement, certains caractères des Digités et d'autres propres aux Fissipèdes. Comme animal digité la truie ne devrait pas mettre au monde des petits parfaits, pouvant de suite se tenir sur leurs pattes, courir, etc.; comme animal fissipède, elle ne devrait pas avoir un aussi grand nombre de petits. Les hésitations mêmes du naturaliste grec nous montrent quelle importance il attribuait à ces corrélations organiques dont on se préoccupe tant à notre époque et sur lesquelles il avait déjà, comme nous le verrons bientôt, assis sa classification des êtres vivants. Guidé par un esprit véritablement scientifique, il incline finalement à ranger le Porc parmi les Fissi-

---

1. On sait aujourd'hui qu'il y a des exceptions chez certains Rongeurs exotiques, par exemple le Cochon d'Inde.
2. Voy. ci-dessus, p. 12.
3. Il est peu probable que tout ce passage soit d'Aristote.

pèdes plutôt que parmi les Digités, en quoi il a raison [1]. Mais alors il faut se demander pour quelle cause la Truie, contrairement à tous les Solipèdes et à la plupart des Fissipèdes, met au monde plusieurs petits et pourquoi elle n'est pas de plus grande taille, car les deux choses se tiennent. On doit admettre que, chez cet animal, la nourriture détournée de servir au développement du corps se dépense en une production plus grande de liquide séminal; de là vient que la Truie est pluripare et peut conduire ses petits à complet développement, grâce à cet excès de nourriture accumulé dans son corps en raison même de sa petite taille, excès qui en fait une sorte de terreau fécond (*Gen.*, IV, 96).

Il y a aussi des oiseaux dont les petits naissent incomplètement développés. Ce sont, en général, les espèces de faible taille et qui ont beaucoup d'œufs : la Corneille, la Pie, le Moineau, l'Hirondelle, etc. [2]. Toutefois les petits sont également imparfaits chez plusieurs espèces d'oiseaux qui pondent peu d'œufs : tels sont le Ramier, la Tourterelle, le Pigeon domestique, parce que chez eux la nourriture fournie par l'œuf est insuffisante (*Gen.*, IV, 97), tandis qu'elle est suffisante chez la Poule, le Canard, etc.

Pour ce qui est de l'espèce humaine, les filles se développent moins vite dans la matrice que les garçons. Dans les animaux il n'existe rien de pareil. La femme doit se former plus lentement parce qu'elle est moins chaude, et que ce qui est moins chaud atteint moins vite sa coction suffisante. Par contre, la femme arrive plus rapidement dans la vie à son complet épanouissement, à la puberté, puis à la vieillesse. Mais c'est pour une autre raison : parce que toute chose est conduite d'autant plus vite à son but qu'elle est plus petite, aussi bien en art que dans les êtres naturels (*Gen.*, IV, 101). Il existe encore une différence entre les femelles des animaux et la femme : elles ne sont point affectées pendant le temps de la gestation. Toutefois cet état de souffrance qui est propre à la femme, dépend, en partie, des habitudes. Par la vie de repos, la vie assise, les sécrétions s'accumulent; de là vient que les femmes

---

[1]. A la vérité, il va trop loin et veut trop prouver en rapportant qu'il existe dans différents pays des porcs solipèdes (*Gen.*, IV, 96).

[2]. « Si on arrache les yeux à une hirondelle quand elle vient d'éclore, elle en guérit parce que la lésion a été faite au cours du développement, tandis que l'œil arraché à l'animal complètement formé ne repousse pas. » C'est là certainement une fable. Toutefois il a pu arriver que de jeunes hirondelles aveuglées aient continué de vivre en laissant croire par leurs allures qu'elles avaient retrouvé la vue. Nous avons eu autrefois l'occasion de montrer, à propos de certains insectes aveugles des grottes des Pyrénées, combien il est difficile de décider, d'après les allures d'un animal, s'il jouit ou non du sens de la vue.

G. POUCHET.   8

qui travaillent ne sont pas exposées aux mêmes inconvénients ; et on sait de plus qu'elles ont des accouchements moins laborieux (*Gen.*, IV, 103). Suit une explication de ces faits peu en harmonie avec la doctrine aristotélique : les règles des femmes y sont présentées comme une sorte de purification, mais qui serait utilisée pendant le temps de la grossesse, pour le développement de l'embryon. La présence du fruit dans la matrice aurait pour premier effet d'entraver la purification menstruelle et si les accidents sont plus graves au début de la grossesse c'est parce que le germe n'utilise alors qu'une faible partie de cette sécrétion. C'est seulement ensuite, quand il lui en faut davantage, que la mère se trouve soulagée. Chez les animaux au contraire la sécrétion est peu abondante et en juste rapport avec le développement des embryons ; tout est donc consommé, rien ne reste pouvant nuire à la mère, et celle-ci ne souffre par suite aucune atteinte. De même les femmes bien portantes pendant la grossesse sont celles dont l'organisme ne fournit qu'une faible quantité de sécrétion, utilisée tout entière à la nourriture de l'embryon. Mais la vie sédentaire a pour effet connu d'augmenter les sécrétions, alors la purification du fait de l'embryon devient insuffisante ; de là les accidents plus fréquents chez les femmes inoccupées (*Gen.*, IV, 103). De là aussi l'accouchement plus laborieux, parce que chez elles le mouvement, le travail ne viennent pas donner plus d'activité à la respiration et permettre une plus grande retenue du souffle (propre à expulser le fruit pendant l'effort). La parturition des animaux n'est aussi facile que parce que rien n'est modifié de leur existence active, au cours de la gestation.

Nous trouvons encore dans cette partie du IVe livre du traité *De la Genèse*, qu'il semble bien difficile d'attribuer à Aristote, un chapitre spécial sur les môles, que l'auteur sépare avec raison des monstres proprement dits. Toutefois il confond évidemment sous ce nom divers accidents, tels qu'expulsions de corps fibreux ou même grossesses extra-utérines. « Assez souvent, dit-il, après être devenue grosse, une femme n'accouche point au terme voulu, reste ainsi plusieurs années et finalement, à la suite de douleurs qui peuvent mettre sa vie en danger, rend un monceau de chair connu sous le nom de môle (μύλη). Ces masses sont parfois si dures qu'on peut à peine les entamer avec l'instrument tranchant. » Or, beaucoup de médecins se trompent en croyant la môle produite par un excès de chaleur et de coction. Elle résulte au contraire d'un manque de chaleur, comme si la nature n'avait pas eu la force de parfaire son ouvrage. Quant à la raison pour laquelle on n'observe pas de môle chez les animaux, il faut la chercher dans la tendance de la femme aux affections de la matrice, et dans l'abondance de ses menstrues.

S'il est douteux qu'Aristote soit l'auteur de toute cette partie gynécologique du traité *De la Genèse*, moins en raison des connaissances médicales qu'on y trouve et auxquelles il pouvait, à la rigueur, n'être point étranger, qu'en raison des doctrines, le plus souvent fort éloignées de celles de l'École, nous devons au contraire attribuer au philosophe naturaliste tout ce qui est relatif à la durée de la gestation chez les animaux. Cette durée est rigoureusement fixe pour chaque espèce animale (*Gen.*, IV, 120). Seule la femme fait exception, seule elle offre des écarts, elle peut porter de sept à dix mois (*Gen.*, IV, 7). Des enfants nés à huit mois ont vécu ; mais cela s'est vu rarement [1].

Pour les espèces animales, il semblerait, au premier abord, que la durée de la gestation fût en rapport avec celle de la vie de l'espèce, les gros animaux ayant une gestation plus longue et vivant en général plus longtemps que les petits. Mais cette règle n'est pas absolue. Ainsi l'homme vit plus longtemps que le Cheval, le Bœuf et le Chameau qui sont plus gros que lui ; il vit plus longtemps que tous les animaux sur lesquels nous avons des données certaines, à la seule exception de l'Éléphant. La cause directe de la durée de la gestation pour chaque espèce doit donc être uniquement recherchée dans sa taille, c'est-à-dire dans le volume qu'aura le jeune à la naissance (*Gen.*, IV, 123), parce qu'il faut nécessairement plus de temps pour le parfaire s'il est gros que s'il est petit. — La règle que pose ici Aristote est rigoureusement exacte.

Chez tous les animaux, le fœtus vient au monde par la tête en raison du poids de celle-ci (*Gen.*, IV, 121). Les petits des animaux, principalement ceux qui naissent immatures, continuent de dormir après la naissance comme dans la matrice. — Le nouveau-né ne rit jamais quand il est éveillé ; quand il dort au contraire on peut le voir pleurer ou rire (*Gen.*, V, 9) ; il semble demeurer dans un état voisin du somnambulisme, lequel est fort bien décrit à ce propos (*Gen.*, V, 11).

La venue, la parfaite coction du lait coïncide avec l'époque de la parturition (*Gen.*, IV, 120). Pour la femme, il était inutile qu'elle eût du lait avant le septième mois (*Gen.* IV, 110), puisque jusqu'à ce

---

1. « On trouve les conduits des oreilles et du nez encore fermés sur l'enfant au septième mois de la grossesse. Ces conduits s'ouvrent un peu plus tard par l'effet du développement, et dès lors l'enfant qui vient avant terme (à huit mois) peut continuer de vivre (*Gen.*, IV, 98). »

moment le fruit ne naît pas viable. Mais le lait n'acquiert toute sa qualité qu'à l'époque de l'accouchement, parce que le germe dans la matrice en avait jusque-là accaparé les principes doux et sucrés. A mesure que l'embryon avance en âge, ils ne sont plus dépensés et restent en excès dans le sang, d'autant plus que le fœtus approche du terme de son évolution : c'est alors que le lait, formé de ces principes, va devenir utile et couler des mamelles.

« La puberté provoque chez les garçons aussi bien que chez les filles un gonflement des seins », ce qui est très exact. « Les mêmes signes se montrent d'ailleurs chez les bêtes, où les vétérinaires [1] savent très bien les reconnaître » (*Gen.*, IV, 115). La raison de ce gonflement nous est donnée tout au long, mais elle est, comme en général ce qui touche à la gynécologie, peu conforme à la doctrine aristotélique. Ce gonflement serait dû à la sécrétion abondante qui se fait à cet âge vers les parties basses, et qui laisse, par suite, vide et spongieuse la région de la poitrine. Il arrive aussi à la fin de la grossesse, que du moment où le fœtus n'emploie plus la secrétion sexuelle tout en l'empêchant d'être expulsée, celle-ci s'écoule naturellement vers les lieux vides qui existent sur les mêmes canaux, c'est-a-dire du côté des mamelles. Car elles sont en relation avec la matrice par le cœur, de même qu'on a vu le cœur être le lien qui rattache la mue de la voix à l'épanouissement des organes génitaux (*Gen.*, IV, 114). Il est clair, pour la même raison, que les règles seront supprimées pendant l'allaitement. Si elles reparaissent elles feront tomber le lait, parce que le lait et le flux menstruel ont la même origine (*Gen.*, IV, 119).

Nous sommes donc ici, comme nous l'avons plusieurs fois remarqué au cours de ce chapitre, en présence de deux théories. A côté d'Aristote, qui a pu n'être pas étranger au plan sinon à la rédaction de la fin du traité *De la Genèse*, on devine un disciple, de ferveur médiocre pour la pure doctrine de l'École, un médecin très certainement. Sans doute il tient compte des comparaisons avec les animaux, et il les invoque à propos. Mais il a pour principal objectif l'homme, c'est-à-dire la clientèle et les choses de son métier. Au point de vue purement spéculatif, le système d'Aristote des deux fluides n'était pas tellement éloigné de la vérité, puisque les menstrues accompagnent chez la femme l'ovulation; dans ce fluide séminal surabondant nage l'ovule, la partie essentielle que le philosophe sait y deviner; enfin pour Aristote c'est au pur sang de la mère que le fœtus emprunte sa nourriture. Pour le disciple médecin, les

---

1. Nous traduisons ainsi ἔμπειρος.

menstrues ont un rôle un peu différent ; elles deviennent une élimination nécessaire, purifiante, d'après des idées qui rappellent l'Orient. Les menstrues versées dans la matrice pendant toute la durée de la grossesse, dans les seins après l'accouchement sous forme de lait, servent à alimenter le fruit. Ces deux doctrines mesurent toute la distance de l'homme de science profonde au praticien distingué. Jusqu'au temps d'Aristote tout au moins, la médecine — si avancée déjà dans la collection hippocratique — semblait être restée en dehors des spéculations biologiques des physiologues. Plus tard les deux branches du savoir humain se confondront dans la grande personnalité de Galien, qui cependant fait très peu d'emprunts à Aristote, et cite ses œuvres moins souvent qu'on pourrait s'y attendre. Nous hésitons beaucoup à faire honneur au Stagirite d'un passage du traité *Des Sens* (I, 5) où l'auteur montre la médecine servant à la fois d'introduction aux sciences de la vie et recevant d'elles à son tour une multitude de notions utiles. On ne cite aucun ouvrage d'Aristote sur la médecine, et dans ses œuvres telles que nous les possédons, il n'y est fait que de rares allusions. Quand par hasard nous y trouvons des passages, des chapitres médicaux, ceux-ci portent en quelque sorte un cachet spécial : ils ne rentrent plus dans l'harmonie générale des idées du maître, souvent même ils sont en pleine contradiction avec elles. S'il faut dire toute notre pensée, nous doutons que le chef de l'école péripatéticienne, quoique fils de médecin, dit-on, ait jamais beaucoup apprécié l'art de guérir. Les philosophes devaient tenir les praticiens d'alors juste dans l'estime où les docteurs en Sorbonne tenaient, il y a trois siècles, les maîtres en chirurgie.

XIII

LA ZOOLOGIE.

Il nous reste à montrer Aristote zoologiste. Il avait laissé, dit-on, des écrits de botanique ; malheureusement ils ne sont pas parvenus jusqu'à nous et la renommée de son disciple Théophraste a sans doute profité de cette lacune dans les œuvres du maître : quelques passages des siennes nous montrent tout au moins qu'il y puisa largement. La perte en est surtout regrettable parce que ces écrits nous auraient permis de mieux saisir dans son ensemble le système du grand naturaliste qui eut le sentiment si vif de la progression organique, aussi bien que de l'unité de composition des êtres vivants.

L'Homme naturellement occupe le haut de l'échelle. De tous les animaux il est celui qui a le sang le plus pur et le plus abondant. Il est aussi de tous celui qui se tient le plus droit (*Respiration*, XIII, 3). Il est le plus parfait, il est le mieux doué et le plus intelligent (*Gen.*, II. 99). Tout cela peut s'exprimer d'un mot : il est le plus *chaud*, qualité qui marque toujours dans le langage de l'École le degré de dignité organique [1]. Mais l'homme, et cela doit demeurer bien entendu, n'est séparé des autres animaux que par des différences de plus ou de moins. Rien ne le distingue spécifiquement. Ceci paraît avoir été en effet le propre du génie d'Aristote d'apprécier avec une sagacité merveilleuse les rapports entre les êtres vivants. Il n'a créé ni la physiologie, ni l'anatomie, ni l'embryogénie. Mais tout semble indiquer qu'il a été le premier zoologiste classificateur. Non seulement il réunit les animaux en groupes *naturels*, pour nous servir d'une expression chère à la zoologie moderne, mais il saisit encore, dominant tous ces groupes, des lois générales dont il donne la formule précise. Il devance et dépasse Buffon [2]. On a cité beau-

---

1. Voy. ci-dessus, p. 30.
2. A Buffon appartient le mérite d'avoir formulé cette loi que les espèces animales d'un même groupe ont généralement une taille en rapport avec les di-

coup de ces aphorismes biologiques, en voici quelques-uns moins souvent rappelés :

« Les mouvements de latéralité de la mâchoire inférieure n'existent que chez les animaux qui broyent leur nourriture. — Les oiseaux à long cou ont de longues pattes, excepté les oiseaux nageurs (*Des parties*, IV, 12) ; aucun oiseau ayant le cou long n'a de serres ou d'ergots. — Dans les espèces où le mâle n'a pas de verge, la femelle ne présente pas d'orifice génital spécial (*Gen.*, I, 25). — Tous les animaux véritablement vivipares respirent l'air. — Aucun animal n'a la queue empennée, qui n'ait de grandes plumes aux ailes (*Des parties*, IV, 13) : loi donnée à propos des chauves-souris, mais qui s'applique à tous les oiseaux sans ailes de l'hémisphère austral et même à l'Archéopteryx des terrains secondaire, muni à la fois de rémiges et de longues pennes à la queue. — D'une manière générale les animaux qui ont du sang (= vertébrés), sont plus gros que ceux qui n'en ont pas (= invertébrés) ; les animaux qui se déplacent, plus volumineux que les animaux fixés (*Gen.*. II, 3. *Resp.*, XIII, 3). — Parmi les animaux qui ont du sang, aucun de ceux qui s'accouplent ne produit un grand nombre de petits ; ceux qui ne s'accouplent pas (= poissons téléostéens) ont des œufs en quantités innombrables (*Gen.*, III, 59). »

Ces questions de taille et de nombre des petits sont abordées dans le traité *De la Genèse*. Nous en avons déjà parlé. « Les plus gros animaux ne mettent au monde qu'un petit, comme l'Éléphant, le Chameau, le Cheval et les autres quadrupèdes à sabots. Les Digités, qui ont généralement la taille moins grande que les animaux précédents, sont presque tous pluripares, ainsi que les tout petits animaux comme le genre des rats (*Gen.*, IV, 68-69) »[1]. Par suite le nombre des jeunes étant en rapport avec la taille, se trouve en rapport avec la disposition des extrémités des membres, puisque les Digités sont généralement moins gros que les Solipèdes et les Fissipèdes. Ce rapport toutefois n'est pas absolument rigoureux, comme le prouve l'exemple de l'Éléphant (*Gen.*, IV, 71) qui est un animal digité[2], et qui n'a qu'un petit en raison de sa taille.

mensions du continent qu'elles habitent : le Chameau et la Vigogne, l'Autruche et le Nandou, l'Éléphant des Indes ou d'Afrique et l'espèce de Bornéo, le Lion et le Congouar, la petite taille de tous les mammifères d'Australie dont le géant est le Kanguroo, enfin l'océan habité par les plus gros des animaux, les Baleines et les Cachalots.

1. La cause en est que chez les grands animaux la nourriture tourne toute entière au profit de la taille, et que chez les petits la Nature limite de ce côté l'aliment, et l'utilise au contraire pour le nombre (*Gen.*, IV, 69). Voy. ci-dessus, p. 112, le cas particulier de la truie.

2. Voy. ci-dessus, p. 41.

Cette loi de relation entre le volume de l'espèce et le nombre des petits s'applique également aux volatiles et aux animaux qui nagent (*Gen.*, IV, 71). De même ce sont aussi les plus petites plantes qui ont le plus de graines, la Nature combattant toujours les risques de destruction, par le nombre.

Une autre question de zoologie générale traitée avec de grands développements est celle de la durée de la vie chez les êtres vivants. La collection aristotélique comprend même un traité spécial *De la longévité et de la brièveté de la vie*. Les plus gros animaux ne sont pas ceux qui vivent le plus longtemps; le Cheval, par exemple, vit moins que l'homme. Ce ne sont pas davantage les plus petits, car la plupart des insectes sont annuels. Tout ce qu'on peut dire, c'est qu'*en général* les gros animaux vivent plus. Les animaux qui ont du sang (= vertébrés), sous ce rapport, n'ont pas non plus toujours l'avantage sur les autres, car l'Abeille vit plus longtemps que certain d'entre eux. Les Mollusques (= Céphalopodes) et les Testacés ne vivent que peu. Les plantes ne sont pas plus indestructibles que les animaux, il y en a dont l'existence est courte et beaucoup sont annuelles; toutefois, d'une manière générale aussi, c'est parmi les végétaux que se trouvent les êtres qui vivent le plus longtemps, et entre tous il faut citer le Palmier (*Long.*, IV).

La vieillesse comme on l'a vu, étant une sorte de desséchement, de perte de l'humidité chaude qui fait la vie, on conçoit que les gros animaux, en raison du volume qu'ils ont, doivent se dessécher ordinairement moins vite que les petits et arriver plus lentement au terme de leur durée. Enfin la lascivité, par la dépense de fluide séminal, abrège la vie : c'est pour cela que les mâles des passereaux vivent moins longtemps que les femelles (*Long.*, V, 6). Toujours grâce à cette influence de la chaleur, les animaux aussi bien que les hommes vivent plus longtemps dans les climats chauds que dans les froids. Et dans les climats chauds ce sont surtout les animaux froids par nature qui prennent des dimensions considérables : on y voit les serpents, les lézards, les bêtes à écailles devenir énormes; de mêmes les coquillages dans la Mer rouge (*Long.*, V, 9).

Voici donc les influences de milieu [1] nettement indiquées comme déterminant les formes animales. C'est le germe d'une doctrine qui se constituera seulement de nos jours. Mais Aristote se trompe en attribuant aux peuples septentrionaux une vie plus courte qu'à ceux des pays chauds. Le contraire est la vérité, quand toutefois l'état de

---

1. Voy. ci-dessus, p. 37, d'autres exemples : les Sarmates et leurs moutons, les petits oursins des profondeurs froides de la mer.

barbarie n'intervient pas : entre les Grecs civilisés et les Sarmates sauvages, le rapport a pu être celui qu'indique le naturaliste grec. Comment d'ailleurs se serait-il fait une idée juste de ces contrées d'un accès aussi difficile en son temps, que les Indes et le pays de la soie pour les voyageurs du moyen âge? « Même les animaux qui ont peu de sang ou qui n'en n'ont pas, dit-il, ne se rencontrent plus du tout dans les régions septentrionales, ni sur le sol ni dans les eaux; ou bien, si on en trouve encore, ils sont beaucoup plus petits et meurent de très bonne heure (*Long.*, V, 9). »

Aristote ne s'est pas borné à ces grandes vues d'ensemble qui font de notre philosophie le véritable fondateur de la zoologie générale; il inaugure aussi, comme nous l'avons dit, la zoologie systématique : il propose une classification, incomplète à la vérité puisqu'elle s'arrête à la délimitation des groupes principaux (quelque chose comme nos *types* ou nos *classes*), mais qui, dans ces bornes, peut soutenir la comparaison avec le *Systema Naturæ* de Linné.

Le nombre des espèces mentionnées dans l'*Histoire des animaux* et dont on a pu établir l'identité, est d'environ 400; c'est un des grands intérêts de ce livre. Il n'y a pas lieu de s'arrêter à la fable rapportée par Pline, qu'Alexandre avait fait travailler une armée de soldats pour son ancien maître et lui avait envoyé d'Asie d'immenses richesses naturelles. Parmi les animaux étrangers à la Grèce, Aristote ne mentionne guère que le Chameau, dont il connaît les deux espèces (*Hist. anim.*, II, 1), l'Autruche qu'il a certainement vue et qu'il a bien observée, enfin l'Éléphant [1].

Pour le Chameau nous avons signalé plus haut une interpolation certaine [2]. Mais, pour l'Autruche et l'Éléphant, il est beaucoup plus difficile d'attribuer à un autre qu'Aristote les détails rigoureusement précis qui nous sont donnés sur certains points de leur organisation. Sans doute, dans la Grèce raffinée d'alors, comme plus tard à Rome, on aimait le spectacle de ces animaux singuliers. Un siècle après Aristote, Pyrrhus embarquera pour l'Italie une troupe d'éléphants dressés à la guerre; nous savons qu'il en avait encore 19 à la bataille d'Asculum. Rien de surprenant dès lors que déjà au temps de Philippe de Macédoine, et bien que les grandes relations avec l'Orient et l'Égypte ne fussent pas encore établies, on ait eu l'occasion de voir ces animaux vivants en Grèce. Aristote nous parle de la taille du petit éléphant quand il vient au monde, gros

1. Il convient d'ajouter l'Aspic, le Crocodile, l'Hippopotame, peut-être le Rhinocéros, etc.
2. Voy. ci-dessus, p. 13.

comme une génisse (μόσχος) (*Gen.*, IV, 86). Il donne même la durée
de la gestation (*Gen.*, IV, 122) de la femelle, deux ans. Or les zoologistes étaient restés jusque dans ces dernières années fort indécis
sur ce point particulier. Deux ou trois observations qu'on possédait
tout au plus, avaient permis de fixer cette période à 21 ou 23 mois :
c'est sensiblement la durée indiquée par le philosophe grec, surtout
si on la compte par mois lunaires.

Au contraire, le Bison, le Lion, refoulés déjà sans doute à cette époque
dans les montagnes de Thrace ou plus loin encore, s'estompent
dans un demi-jour fabuleux. Le Bison, poursuivi, se défend en
lâchant ses excréments. Quant au Lion, c'est un animal tout à fait
extraordinaire : il n'a qu'une vertèbre au cou, ses os n'ont pas de
moelle, il n'a que deux mamelles au milieu du ventre (*Des parties*,
IV, 10). La première portée de la lionne est toujours de 5 ou 6 petits,
puis chaque année ce nombre diminue d'un ; après le dernier elle
reste stérile (*Gen.*, III, 11). Le Chat est lui-même très rarement cité ;
une seule fois dans l'*Histoire des Animaux* (V, 11), où son accouplement est décrit à côté de ceux du Loup et du Chameau. On en peut
conclure qu'on n'avait à cette époque, en Grèce, que fort peu ou
même point de chats à l'état domestique.

Bien qu'en différents lieux de la collection aristotélique les groupes
entre lesquels sont partagés les animaux ne soient pas exactement
les mêmes ni rangés dans le même ordre, les variantes sont toujours légères et n'altèrent en rien le principe sur lequel sont basées
les divisions. La classification d'Aristote est « naturelle », c'est-à-dire
qu'elle rapproche les animaux offrant certains caractères fondamentaux identiques même alors qu'extérieurement ils diffèrent beaucoup les uns des autres. Le naturaliste grec sait de plus fort bien
distinguer ce qui appartient à l'espèce, de ce qui est purement indi-
viduel, comme la qualité de la voix, la couleur des yeux, du pelage
ou des plumes (*Gen.*, V, 1).

Aristote, nous l'avons indiqué déjà, divise d'abord les animaux en
deux catégories : ceux qui ont du sang (rouge), les Sanguins et ceux
qui n'en ont pas ou les Exsangues.

Les Sanguins répondent exactement à nos *vertébrés*; ils ont généralement quatres membres et n'en sauraient avoir davantage. Ce
point est très nettement établi par Aristote et il a son importance.
On sait aujourd'hui qu'un certain nombre de vers ont du sang rouge
renfermé dans un vaisseau qu'on voit battre sur leur dos. Aristote
eût-il connu cela, qu'il n'aurait point classé très certainement ces
vers au nombre des Sanguins ; ceux-ci ne sont pas du tout déter-

minés par l'unique particularité d'avoir du sang rouge, comme cela pourrait être dans un système linnéen. Cette propriété sert il est vrai à les dénommer, mais ils offrent de plus dans leur organisation tout un ensemble coordonné de caractères qui ne se retrouvent point chez les autres animaux et en particulier chez les vers [1]. La zoologie contemporaine ne procède pas autrement pour établir ses classifications.

Aristote, en divisant les Sanguins, n'a aucun égard à leur température, la différence qu'ils offrent sous ce rapport ne le frappe pas : nous en avons donné la raison [2]. L'embryogénie surtout guidera notre philosophe qui par ce côté aussi est bien moderne, et avec l'embryogénie certaines considérations tirées des éléments.

Les Sanguins sont tout d'abord partagés en trois groupes d'après leur mode de reproduction :

1° Les *Vivipares* vrais, c'est-à-dire nos mammifères et avec eux les Poissons à évent (= cétacés). Les vivipares respirent l'air, ils sont donc d'un principe plus pur. Ils sont les premiers dans la hiérarchie vivante, ou en d'autres termes les plus *chauds* des animaux.

2° Les *Ovovivipares*, qui sont les Sélaciens, nos Raies, nos Squales, nos Requins etc…

3° Les *Ovipares*, comprenant les Oiseaux, puis les quadrupèdes ovipares, c'est-à-dire les Reptiles, avec lesquels il faut ranger les Serpents, qui ne sont, dit Aristote, que des Lézards sans pattes, et enfin les Poissons à opercule (= téléostéens). De tous les Ovipares, ces derniers seuls pondent des œufs incomplets ou imparfaits (voir plus haut, p. 105).

Les Exsangues sont divisés également en quatre classes (*Histoire des animaux*, VI, 1) :

1° Les *Mollusques*, c'est-à-dire dans la synonymie aristotélique : les Céphalopodes, qu'ils soient nus comme le Poulpe ou qu'ils aient une coquille comme l'Argonaute.

2° Les *Crustacés*, tous les animaux que nous désignons encore sous ce nom, entre autres la Langouste et le Homard très exactement décrits.

3° Les *Testacés*, nos Mollusques (à l'exception des Céphalopodes)

---

1. Il est possible que les vers de terre, si communs dans nos climats pluvieux du nord, soient moins connus dans les pays secs du midi. Il résulterait d'un passage de la collection aristotélique que les vers de terre ont été peut-être regardés à une époque, comme du frai d'anguille. Il ne faudrait point s'étonner qu'une telle opinion ait pu exister, et on doit toujours se garder de juger à la mesure de ce que tout le monde sait aujourd'hui, les croyances populaires aussi bien que les doctrines scientifiques du passé.

2. Voy. ci-dessus, p. 29.

avec les Ascidies et les Pagures [1]. La coquille étrangère dont ceux-ci font leur habitation, en impose à Aristote, qui cependant est frappé de leur affinité avec les Crustacés.

4° Enfin les *Insectes*, groupe dans lequel rentrent tous les animaux que nous rangeons encore sous cette dénomination, avec les Scolopendres et les Araignées.

Les autres classifications données dans la collection aristotélique diffèrent assez peu de celle-ci. Une d'elles est ascendante et particulièrement complète. Le type des Sanguins y est décomposé en trois classes d'après la doctrine des éléments, abstraction faite du Feu où nul être vivant ne saurait subsister [2].

Voici cette classification :

1° les TESTACÉS ;

2° les CRUSTACÉS ;

3° les MOLLUSQUES ;

4° les INSECTES reportés ici, comme on le voit, plus haut que dans la classification précédente ;

5° les POISSONS comprenant ici tout à la fois les téléostéens, les sélaciens et les cétacés ; c'est-à-dire tous les Sanguins qui vivent dans l'eau ;

6° les OISEAUX, c'est-à-dire les Sanguins qui vivent dans l'air ;

7° les SANGUINS TERRESTRES, c'est-à-dire tous les quadrupèdes, aussi bien ovipares (= reptiles) que vivipares (= mammifères), en rapprochant de ces derniers l'Homme, le seul bipède vivipare (*Histoire des animaux*, V, I, 1-3).

Les Sanguins terrestres et aériens se partagent au point de vue embryogénique en (α) *Vivipares* et (β) *Ovipares*. — (α) Les vivipares sont nos mammifères terrestres ou géothériens, comme les appellent certains zoologistes, — (β) Les ovipares se divisent à leur tour en (i) *Bipèdes* (les oiseaux), en (ii) *Quadrupèdes* (les reptiles) et en (iii) *Apodes* comprenant le seul genre des Serpents.

Les Sanguins aquatiques ou Poissons se diviseront de même en (α) *Poissons à ouïes*, et (β) *Poissons à évent* (cétacés). — (α) Les Poissons à ouïes se partagent à leur tour en (i) *Poissons à opercule*, ayant des œufs imparfaits ; et (ii) *Poissons dépourvus d'opercule* (sélaciens), qui sont en même temps vivipares (*Des parties*, VI, 11). On voit combien est poussé loin cet arrangement méthodique des

---

1. Le Bernard-l'Hermite.

2. Cependant on trouve au traité *De la respiration* (XIII, 5) une attribution des êtres vivants aux quatre éléments, qui n'exclut pas le feu : 1° À la Terre se rapportent les plantes qui y plongent leur racine ; 2° à l'Eau les poissons ; 3° à l'Air les volatiles et 4° finalement au Feu se rattachent les animaux terrestres, les quadrupèdes, dont le corps est chaud.

êtres, puisque voilà des groupes divisés et leurs divisions subdivisées.

Cependant rien n'est absolu et il y a des animaux, remarque Aristote, qui semblent se relier à deux groupes à la fois, tenir d'une double nature terrestre et aquatique, ou terrestre et aérienne, comme les Cétacés, les Phoques et les Chauves-souris. Le Phoque possède à la fois des nageoires pour la vie dans l'eau et des pieds ; il a de plus les dents aiguës, comme les poissons. Les dents des Phoques ont en effet la plus grande ressemblance extérieure avec celles de certains sélaciens. La Chauve-souris n'est pas quadrupède, en ce sens qu'elle ne marche pas à quatre pattes sur le sol ; elle n'est pas davantage un oiseau puisqu'elle vole avec des membranes au lieu d'ailes et n'a pas de queue empennée, caractères par excellence des volatiles [1] (*Des parties*, IV, 13).

On remarquera que cette préoccupation, pour classer les animaux, de l'élément qu'ils habitent est des plus légitimes puisque celui-ci suppose en définitive des différences correspondantes dans leur organisation. Ceci explique en même temps que le naturaliste grec n'ait pas saisi les rapports qui unissent les Insectes et particulièrement ceux qui ne volent pas, comme le Scorpion ou la Scolopendre, aux Crustacés, et qu'il en ait fait deux groupes distincts malgré la très grande ressemblance extérieure de ces animaux, également faits d'articles et munis de pattes nombreuses. La raison est certainement que les uns vivent dans l'air et les autres dans l'eau. Pour le même motif encore, les Cétacés, bien que vivipares et respirant l'air, sont cependant des Poissons, avec les quels ils se confondent moins peut-être par leur forme que par l'habitacle commun.

En somme on peut ramener à trois les caractères sur lesquels Aristote base sa classification : 1° la présence ou l'absence de sang ; — 2° le milieu qu'habite l'animal ; — 3° son mode de reproduction. Ces caractères sont des meilleurs et valent ceux que nous invoquons aujourd'hui. Ils révèlent, chez le naturaliste qui a su s'y arrêter, un profond esprit de méthode, puisque sa classification basée sur la comparaison de quatre cents espèces animales environ du bassin de la Méditerranée, n'a subi aucune atteinte sérieuse par suite des prodigieux accroissements qu'ont faits au catalogue zoologique vingt siècles de découvertes à la surface du globe. Nous ne reprendrons pas en détail la zoologie d'Aristote, elle a déjà fourni matière à de nombreux mémoires [2]. Nous nous bornerons à quelques remarques

1. Voy. ci-dessus, p. 119.
2. Voy. les introductions de Camus (1783) et de MM. Aubert et Wimmer (1868

qui n'ont pu trouver place au cours de cette étude, à propos des divers groupes d'animaux qu'il établit.

I. Quadrupèdes vivipares (Mammifères). Aristote délimite très bien parmi ces animaux le groupe que nous désignons aujourd'hui sous le nom de Ruminants. Il en fixe les traits généraux avec une précision remarquable, sans se laisser influencer par les exceptions qu'offrent certaines espèces, telles que l'absence de cornes chez le Chameau. La caractéristique qu'il donne des Ruminants pourrait se formuler ainsi : pieds fourchus, manque d'incisives à la mâchoire supérieure, estomac multiple, mamelles inguinales, présence de cornes. Aristote établit aussi, comme on l'a vu, que les Porcins se rapprochent des Ruminants plus que de tous les autres vivipares, ce qui est tout à fait exact.

II. Quadrupèdes ovipares. Nous avons déjà signalé un chapitre de l'*Histoire des animaux*, II, VII, d'ailleurs complètement détaché, sans lien avec ce qui précède ou ce qui suit, qui donne une description excellente du Caméléon.

III. Oiseaux. L'aile des Oiseaux répond au membre antérieur. Les deux pattes complètent les quatre membres qui sont le propre des Sanguins. L'Oiseau ne peut donc être que bipède puisque deux de ses pattes sont employées au vol. Aristote met l'Autruche à part de tous les oiseaux (*Des parties*, IV, 12-14) ; les zoologistes modernes font de même en distinguant les *Ratites* où ils placent l'Autruche avec plusieurs oiseaux de l'hémisphère austral, des oiseaux ordinaires ou *Carinates*. L'Autruche, remarque Aristote, ne vole pas, ses plumes ont plutôt l'apparence de poils ; elle se rapproche encore des Quadrupèdes en ce qu'elle a une paupière supérieure avec des cils dont le développement frappe d'autant plus que la tête et le haut du cou sont entièrement dénudés ; enfin l'Autruche a le pied fourchu et muni de sabots, comme un vivipare : et en effet le pied de cet oiseau n'est pas sans rappeler vaguement l'apparence de celui du Chameau.

Aristote s'étend longuement sur le nombre d'œufs que pondent les Oiseaux (*Gen.*, III, 4 et suiv.) Il cite parmi ceux qui en ont beaucoup l'Autruche, sur laquelle il avait par conséquent des renseignements exacts, et les oiseaux à vol lourd comme la Poule [1], la Per-

à leurs traductions de l'*Histoire des animaux*. Citons encore : J. Müller, *Ueber den glatten Hai des Aristoteles, u. s. w.* (*Mém. de l'Académie de Berlin*, 1840) ; — J. Schneider, *Ueber den von A. beschriebenen Gattungen von Krebsen*, 1807 ; — Young, *On the Malacostraca of Aristotle* (*Ann. and Mag. of Nat. History*, 1865) ; etc...

1. « Parmi les poules, l'espèce adriatique, qui est de petite taille, est surtout productive ; les craintives sont meilleures pondeuses que les hardies ; celles-là sont humides et dodues, celles-ci plus sèches et plus maigres, la maigreur allant

drix[1]. Les oiseaux de proie, au contraire, en ont toujours peu, l'aliment étant détourné de la sécrétion séminale pour être utilisé dans les fortes plumes de leurs ailes.

IV. OVOVIVIPARES. Les Sélaciens comptent au nombre des animaux qu'Aristote a le mieux décrits. Il sait leur ponte intérieure et l'éclosion des jeunes dans le corps de la femelle. On peut seulement s'étonner qu'il paraisse croire tous les sélaciens vivipares, et qu'au courant comme il était des choses de la mer, il n'ait point connu les œufs que certains squales et les raies y déposent et que ramène souvent le filet des pêcheurs. Peut-être attribuait-il ces œufs[2] au Crapaud de mer (βάτραχος), notre Baudroie, qu'il range parmi les Sélaciens, bien qu'elle ne soit pas vivipare (Gen., III, 47), preuve nouvelle qu'Aristote ne s'astreint jamais, pour rapprocher les animaux, à un caractère unique, et cherche toujours à les grouper d'après l'ensemble de leur organisation. Toutefois il est ici trompé par les apparences et la forme un peu aberrante de l'animal. Comment en effet ne pas reconnaître dans le Crapaud « qui pêche avec ses filaments », le Lophius piscatorius, notre Baudroie? à moins — et l'hypothèse n'aurait rien d'impossible — qu'il s'agisse de quelqu'animal disparu. Un grand nombre de passages de la collection aristotélique permettent de mesurer à quel point la Méditerranée s'est dépeuplée depuis vingt siècles. Une foule d'espèces qui étaient alors certainement communes, les Baleines, les Phoques n'y existent plus ou du moins y sont devenues infiniment rares.

V. POISSONS A OUÏES. Les Poissons n'ont pas de cou par la raison qu'ils n'ont pas de poumon (Des parties, IV, 13). Ils n'ont pas de voix non plus, ainsi qu'on l'a vu[3], parce qu'ils ne respirent pas. Les Poissons n'ont ni pieds, ni mains, ni ailes (Des parties, IV, 13). Les membres sont remplacés chez eux par des nageoires, et celles-ci seront en conséquence au nombre de quatre, selon la règle des Sanguins. On ne peut pas dire que les larves de Batraciens aient une véritable nageoire; il convient de réserver ce nom (πτερύγια) aux membres pairs seulement : la nageoire caudale n'est qu'un élargissement de l'extrémité du corps chez les Poissons aussi bien que chez les têtards.

toujours avec le courage, et d'autre part l'abondance de fluide séminal ayant pour condition favorable le chaud et l'humide » (Gen. III, 6, 8).

1. Les petits oiseaux ont aussi beaucoup d'œufs, mais pour d'autres raisons.

2. Il est même assez singulier qu'Aristote n'ait point eu l'occasion d'observer dans ces œufs un vitellus sphérique suspendu au sein d'un albumen, comme dans l'œuf de la poule; et qu'il ait pu croire que les deux substances y étaient mêlées et confondues, ce qui arrive seulement quand ces œufs se sont détériorés dans la mer.

3. Ci-dessus, p. 73.

Presque tous les Poissons ont des nageoires antérieures; les postérieures manquent à ceux qui sont allongés. Quelques-uns, comme la Murène, n'en ont pas du tout et progressent par les ondulations de leur corps dans l'eau, à la façon des Serpents sur le sol. Les Serpents nagent d'ailleurs aussi bien qu'ils rampent. Et Aristote, dont la philosophie explique tout, nous montre à ce propos comment des membres seraient inutiles à des animaux aussi allongés. Trop rapprochées les pattes ou nageoires se gêneraient réciproquement, trop écartées elles seraient insuffisantes; et d'autre part ces animaux ne sauraient en avoir plus de quatre, autrement ils ne seraient plus des Sanguins.

Aristote marque très bien la différence d'allure entre les Sélaciens et les autres poissons, la lenteur relative des uns comparée aux mouvements rapides des autres [1]. Il décrit le cœur des poissons, avec sa portion bulbaire (φλεβονευρώδης) placée au point commun d'origine de toutes les branchies (*Respiration*, XVI); il semble même avoir vu ce bulbe se diviser (en artères branchiales), ce qui suppose un examen assez attentif.

Aristote qui connaît et décrit parfaitement le mode ordinaire de fécondation des poissons [2] semble admettre cependant, chez certaines espèces, une sorte d'accouplement très rapide, tandis que celui des Cétacés et des Sélaciens dure toujours longtemps (*Gen.*, III, 65). Il n'y a plus à vanter le mérite d'Aristote comme observateur, mais comment ne pas remarquer une fois de plus que des faits longtemps méconnus, cet enlacement rapide de certains poissons, ces mâles que le naturaliste grec nous montre recueillant dans leur bouche les œufs que la femelle vient de pondre, sont autant de particularités que les zoologistes ont signalées dans les dernières temps sur des espèces exotiques telles que le Macropode, et qui pourraient fort bien exister aussi sur des espèces européennes, où on les découvrira peut-être quelque jour, comme on a retrouvé le mode de fécondation des Céphalopodes qu'Aristote connaissait fort bien, et qu'on a cru décrire comme chose toute nouvelle au milieu de notre siècle?

Aristote cite un poisson appelé βελόνη [3], qui, au lieu de pondre de petits œufs comme les autres poissons, en a de gros, si bien que son corps en éclate (*Gen.*, III, 55). C'est évidemment des Lopho-

---

1. Cette vue est très juste, malgré certaines exceptions chez des Téléostéens, dont quelques-uns, comme le Turbot, ont la même lenteur de mouvements que les Sélaciens.

2. Voy. plus haut, p. 24.

3. Ce nom est aujourd'hui donné à une espèce toute différente.

branches qu'il est ici question et de la poche incubatrice du mâle ouverte comme une longue fente sous son ventre.

VI. Cétacés. Les Cétacés sont des poissons, mais qui diffèrent des autres par l'absence d'ouïes et l'existence d'un évent. Ils ont un poumon et respirent l'air, parce que les gros animaux ont besoin de plus de chaleur pour se mouvoir (*Des parties*, IV, 13); aussi quand ils sont pris dans des filets, ne tardent-ils pas à mourir étouffés. Aristote partage l'erreur, encore très accréditée de nos jours, que les Cétacés rejettent par l'évent l'eau qu'ils ont engouffrée par la bouche; et tout en indiquant bien la place de cet orifice, il ne semble pas y reconnaître les narines. Les Cétacés, ajoute-t-il, dorment la tête au dessus de l'eau et même on dit que les Dauphins ronflent, erreur due sans doute au bruit que fait la respiration de ces animaux et qui s'entend toujours d'assez loin.

VII. Mollusques. Aristote appelle ainsi les Céphalopodes et la connaissance qu'il en a, reste un sujet d'étonnement pour les zoologistes de nos jours. Il décrit leur manière de s'accoupler et le fait curieux de l'abandon par le Poulpe mâle d'un de ses bras dans le manteau de la femelle. On l'avait oublié. Ce bras trouvé dans le corps des femelles fut même regardé par Cuvier comme un ver intestinal et on lui donna un nom. De longues discussions s'élevèrent à ce propos, qui étaient déjà tranchées, comme on le découvrit ensuite, dans les écrits d'Aristote.

Les Céphalopodes ont certainement beaucoup captivé son attention. On peut regarder comme probable que la consommation de ces animaux sur les marchés était encore plus grande alors que de nos jours, et nous voyons par un passage de l'*Histoire des animaux* que les pêcheurs savaient placer dans la mer des baguettes afin que les Seiches y vinssent enrouler leurs œufs. Aristote décrit minutieusement toutes les particularités visibles de l'organisation de ces êtres, l'espèce de langue qu'on aperçoit entre leurs mandibules, leur gésier, rappelant celui des oiseaux, en avant de deux estomacs (*Des parties*, IV, 5), la poche à encre avec ses variétés dans les diverses espèces et son usage, l'infundibulum, le cartilage céphalique, enfin, les branchies qu'il décrit comme des *chevelus* (τριχώδη ἄττα) mais dont il ignore naturellement le rôle. L'assimilation des branchies des Crustacés et des Mollusques avec celles des Poissons, et leur détermination comme organe respiratoire, n'a pu être faite que très tard et après qu'on eut acquis la connaissance de la circulation du sang chez tous ces animaux. Pour les anciens physiologues comme pour Aristote les organes respiratoires des Poissons sont essentiellement les ouïes et nullement ce que nous appelons aujourd'hui les « branchies ».

Aristote connaît aussi les mœurs des divers genres de céphalopodes, tant ceux qui vivent à la côte, que ceux de la haute mer [1]. Il sait qu'ils s'enlacent pour s'accoupler, au moyen de leurs bras en se saisissant par la tête. Ce mode a sa raison d'être dans l'espèce de reploiement du corps de ces animaux, dont les manuscrits originaux d'Aristote devaient donner, comme nous l'avons dit au commencement de cette étude, un dessin plus ou moins schématique [2]. Le philosophe décrit le canal excréteur de la matrice comme se confondant à sa terminaison avec l'intestin : c'est de l'infundibulum qu'il s'agit ici évidemment, lequel sert en effet à l'expulsion des produits génitaux et des excréments ; le produit mâle sera donc porté là, que ce produit soit d'ailleurs du sperme, un organe ou tout autre potentiel (εἴτε σπέρμα, εἴτε μόριον, εἴτε ἄλλην τινα δύναμιν). C'est peut-être à dessein qu'Aristote se sert ici de telles expressions ; peut-être doutait-il lui-même de l'abandon de ce bras dont lui parlaient les pêcheurs (*Gen.*, I, 29) ; on peut aussi penser, s'il a connu les spermatophores des Céphalopodes, qu'il a dû les prendre en effet pour des organes. Il semble cependant admettre dans un autre passage que le liquide séminal du mâle fournit aux œufs l'enveloppe qui les agglutine (*Gen.*, III, 77). En tous cas il a très bien vu les jeunes attachés à l'œuf (= vésicule ombilicale) par la région de la bouche : et cela ne saurait être autrement, remarque-t-il, puisque chez ce genre d'animaux les extrémités antérieure et postérieure sont rapprochées à se toucher (*Gen.*, III, 78).

VIII. Crustacés. L'étude des Crustacés n'est pas moins intéressante que celle des Céphalopodes. Aristote décrit leur tube digestif, le seul appareil qu'il pouvait aisément reconnaître dans des examens qui n'étaient pas en réalité des dissections. Il note le grand nombre de pattes, la différence des deux pinces du Homard, l'une plus allongée et armée de dents petites et en scie, l'autre plus massive avec de grosses dents tuberculeuses, puissantes comme des molaires. Il attribue la première disposition à la pince droite. Ceci n'est pas constant au moins sur la côte océanienne, mais il peut en être autrement dans la Méditerranée, et le fait mériterait d'être contrôlé.

Les Crustacés s'accouplent, dit-il, l'un sur le dos, l'autre sur le

1. Chez le Poulpe, Aristote appelle tête ce qui est en réalité le corps de l'animal (*Des parties*, IV, 9). On retrouve une conception pareille dans l'art japonais où le corps du poulpe est souvent figuré comme un crâne fantastique surmontant les yeux et les huit bras de l'animal garnis de leurs ventouses.
2. Voy. ci-dessus, p. 18.

ventre (*Gen.* I, 28), ce qui est vrai en particulier de l'Écrevisse. Les mâles ont des testicules filiformes, et chez les femelles la matrice (= ovaire) divisée en deux portions environne l'intestin. Aristote toutefois n'a pas vu la double vulve à la base des troisièmes pattes et il paraît croire que les œufs sont émis par l'anus (*Gen.*, I, 29); il sait seulement que les femelles ont la queue (= abdomen) plus large pour placer leurs œufs (*Gen.*, III, 77). Les Crustacés se divisent en quatre genres (*Des parties*, IV, 8) nettement caractérisés : 1° Les Astacus ou Homards ; 2° les Karabos ou Langoustes ; 3° les Crevettes ou Karides et 4° les Crabes (*Hist. des Anim.*, IV, 11) [1].

Les Crabes et les Astacus ont des pinces et ils se distinguent à leur tour les uns des autres en ceci que les derniers ont une queue pour nager. Nous voilà donc en présence d'une véritable classification dichotomique. Les Crabes qui vivent un peu loin du rivage sont moins agiles que les autres, tels les Maia et les Crabes héracléotiques [2]. Ces deux espèces se distinguent en ce que l'une a les pattes longues et l'autre courtes. Il existe encore de petits crabes qu'on prend en même temps que les Sardines et les Anchois, et qui ont la dernière paire de pattes élargie en forme de rames ou de palettes. La description est très juste : ce sont nos crabes nageurs ou *Portunus*.

Les Karides diffèrent des Crabes par l'existence d'une queue (= abdomen) et des Astacus par l'absence de pinces. Par contre les Karides ont un plus grand nombre de pattes, en vertu d'une sorte de « balancement organique » qu'Aristote semble pressentir et dont Geoffroy Saint-Hilaire fera un des fondements de la morphologie.

IX. INSECTES. Les Insectes sont de tous les animaux ceux qu'Aristote connaît le moins : leurs métamorphoses l'égarent, et il est conduit à des opinions tout à fait singulières sur leur évolution; celle-ci d'après lui peut présenter trois modes différents :

1° Certains insectes proviennent d'insectes pareils à eux ; ils s'accouplent pour se reproduire : tels sont les Sauterelles, les Grillons, les Guêpes, les Fourmis. Chez eux la femelle est ordinairement plus grosse que le mâle, particularité qui se retrouve chez la plupart des Poissons et des Quadrupèdes ovipares (*Gen.*, I, 31). Cette femelle pond des scolex qui se transforment en insectes parfaits.

1. La même énumération se retrouve au traité *Des Parties*, IV, 8; mais il semble y avoir eu dans le texte substitution des mots Karabos et Astacus. Il est spécifié « que les Crabes seuls et les Karabos ont des pinces véritables. Les Astacus en ont également parce qu'ils appartiennent à un groupe d'animaux dont la nature est d'avoir des pinces, mais elles sont déformées parce qu'elles ne servent pas au but pour lequel elles ont été faites, mais à la marche. » Tout ceci paraît s'appliquer très bien à la Langouste, et de même ce qui est dit des pinces du Karabos au Homard.

2. Nos Tourteaux ou Dormeurs.

2° D'autres Insectes sont le produit spontané de liquides en putréfaction et même de matières solides. Telles sont les Puces, les Mouches et les Cantharides (*Hist. des anim.*, V, XVII, 17). Ce n'est pas l'insecte parfait qui naît ainsi spontanément, mais la larve qui le donnera ou qui est censée devoir le donner. Car il est bien certain que pour la Cantharide tout au moins, si l'insecte ainsi désigné est bien le nôtre, Aristote n'en a jamais connu la larve, qui vit cachée et dont l'histoire n'est pas encore complètement faite. Ces insectes issus d'une véritable génération spontanée s'accouplent néanmoins et produisent des scolex.

3° Certains Insectes, enfin, naissent spontanément, mais ne s'accouplent pas. Ici se rangent les Éphémères, les Cousins et une foule d'autres de même sorte (*Gen.*, I, 30.)

Les Insectes peuvent donc naître spontanément; d'autre part ils ne pondent que des scolex. Ce sont là deux traits fondamentaux de leur histoire dans la collection aristotélique. Ces scolex peuvent être ronds et ressembler à des œufs. Mais — remarque notre philosophe — peu importent la forme, la mollesse ou la dureté, qui ne sont (dirions-nous aujourd'hui) que des caractères secondaires. Ce qu'il faut savoir c'est si tout ce germe se développe à la fois, en ce cas c'est un scolex, autrement ce serait un œuf (*Gen.*, III, 81) : dans l'œuf en effet, une partie seulement devient l'embryon et une autre sert à le nourir. La distinction est, comme on voit, des plus nettes.

Le développement rapide de certaines larves semble beaucoup frapper Aristote, qui a probablement ici en vue l'Asticot et peut-être les larves des Abeilles. Le scolex grandit, nous dit-il, par l'extrémité antérieure du corps, déliée comme le bout d'une tige, tandis que la partie postérieure reste large (*Gen.*, III, 1, 119); il se développe comme par l'effet d'un levain, car l'intérieur devient liquide et finalement se change en air (*Gen.*, III, 54). Aristote a pu croire en effet comme d'autres physiologues avant lui, que le corps de l'Insecte était presque tout air sous son test solide; et à voir cet air très apparent dans les larges trachées de beaucoup de larves, il a pu le plus naturellement du monde admettre qu'il se faisait là une espèce de fermentation.

Le scolex, aussi bien que tous les êtres de même nature, devient à un moment donné, un œuf à coque résistante, incapable de mouvement. Cet œuf pour le scolex des insectes est la *chrysalide* ou *nymphe* (car on emploie déjà ces deux termes), d'où sortira l'animal parfait. Le scolex, malgré les apparences, n'est jamais qu'un œuf mou en cours de développement, soit qu'il tire de lui-même la nourriture nécessaire, soit qu'il l'emprunte au dehors comme fait la chenille (*Gen.*, III, 81-83).

On comprend que l'anatomie d'êtres aussi petits que les Insectes fut complètement inabordable pour Aristote; certains philosophes avant lui leur avaient même refusé l'existence de viscères. Il leur attribue pour sa part un « intestin avec une seule circonvolution », sans que nous comprenions bien ce qu'il entend par là. Il note que leur corps présente en dessous une série d'entailles qui permettent aux plus longs Insectes de se rouler en boule; d'autres, comme les Canthares [1], savent se raidir et faire le mort. Le sectionnement du corps et le nombre de pattes sont d'ailleurs, comme on l'a vu [2], en rapport avec l'existence de plusieurs principes de vie. Les Insectes qui ont le moins de pattes, ont seuls des ailes [3]; les plus petits n'en ont que deux, suffisantes à enlever leur poids moindre [4]. L'aile antérieure des Coléoptères n'est pas à proprement parler une aile.

Il est longuement question des Abeilles en deux endroits de la collection aristotélique : au livre IX de l'*Histoire des animaux* et au livre III (89-101) du traité de la *Genèse*. Le premier de ces morceaux est exclusivement consacré à l'industrie et à l'élevage des mouches à miel, fort importants alors comme seule source de production du sucre. Nous en avons déjà parlé [5] : l'auteur y décrit les diverses espèces de mouches, leur travail, la manière de les établir, les maladies de la ruche. Le second morceau traite exclusivement de la reproduction des Abeilles, il est d'une bien autre portée que le premier, et lui est supérieur de toute la différence entre les deux ouvrages d'où ils sont tirés. On peut en faire honneur à Aristote, bien qu'il n'ait probablement rien observé par lui-même. C'est ce qu'il semble au reste indiquer en se retranchant derrière l'autorité de ceux qui font métier d'élever des mouches. Les naturalistes ignoraient encore à cette époque qu'une espèce animale pût être représentée par des mâles, des femelles et des neutres. L'embarras était donc grand en face des trois formes qui peuplent la ruche, surtout alors que la femelle étant unique les occasions de la voir s'accoupler ou pondre sont plus rares. On dissertait à perte de vue sur le sujet. On avait imaginé presqu'autant de combinaisons qu'on en

1. Nos Taupins.
2. Ci-dessus, p. 49.
3. En effet les Araignées qui ont huit pattes, les Scolopendres et les Iules qui en ont un grand nombre, ne présentent point d'ailes, on ne les trouve que chez les Articulés à six pattes.
4. Les Diptères sont en effet plus petits, d'une manière générale, que les Insectes à quatre ailes.
5. Voy. ci-dessus, p. 13.

peut faire avec trois objets distincts. Certains prétendaient même que les abeilles (= ouvrières) se recrutent au dehors par le rapt, et enlèvent non-seulement des individus de leur propre espèce, mais aussi d'autres sortes de scolex qui donnent les faux-bourdons et les rois. Nous disons aujourd'hui les « reines », mais on ignorait en ce temps-là leur sexe véritable. Aristote énumère successivement toutes les hypothèses, et les combat par une série d'arguments où nous relevons celui-ci : les abeilles (= ouvrières) ne sont pas des femelles parce qu'elles ont un aiguillon et que les femelles des animaux ne sont jamais armées. Et Aristote, s'aidant de ce fait bien positivement observé par les éleveurs, que les ruches ne donnent aucun essaim quand il n'y a pas de roi, en arrive de déductions en déductions à conclure que le prétendu roi est une femelle, dont l'espèce ne comporte pas de mâles comme l'Érythrine [1], et que cette femelle engendre des scolex d'où sortent avec un petit nombre de femelles comme elle, tout le peuple des ouvrières. Les ouvrières à leur tour pondent une espèce particulière de scolex d'où proviennent les faux-bourdons. Ceux-ci représentent de la sorte une troisième génération, forcément lourde, stérile et qui disparaît. Le mystère des sexes des Abeilles ne devait être éclairci que 2000 ans plus tard. Mais on peut reporter au Stagirite, s'il a vraiment écrit ou inspiré le passage que nous analysons, le mérite d'avoir établi le premier que le roi est une femelle. Il ajoute : « A la vérité sur tout cela on n'a pas d'obser- « vations suffisantes. Quand il en existe, on leur doit plus de foi qu'à « la théorie et on ne doit, en tous cas, avoir confiance à la théorie « qu'autant qu'elle est conforme aux apparences. » On ne saurait mieux dire; c'est là le vrai langage de la science. Et pourtant cet aphorisme ne nous semble pas marqué à l'empreinte du génie propre d'Aristote : tout ce chapitre si remarquable sur les sexes des abeilles pourrait donc fort bien n'être pas de lui. On notera d'ailleurs qu'il est tiré du IIIe livre du traité *De la Genèse*, où les interpolations sont certainement nombreuses.

X. TESTACÉS. Ce groupe, le dernier, est de beaucoup le moins nettement défini, comme était le groupe des *Vers* dans les classification du commencement de ce siècle. Les Testacés d'Aristote comprennent à la fois tous les animaux à coquille univalve (= gastéropodes) ou bivalve (= lamellibranches), les Thétyes (= Ascidies,

---

1. Le poisson dont on ne trouvait pas la femelle. Dans ce passage, Aristote semble admettre ce qu'il regarde ailleurs comme douteux (voy. ci-dessus, p. 21). C'est une des innombrables contra-dictions qu'on peut relever dans la collection aristotélique.

Salpes), les Oursins et les Étoiles de mer, les Méduses et les Ané-
mones de mer, les Éponges, etc.

Aristote connaît la langue ou *radula* des gastéropodes et l'usage
qu'en font les Buccins pour percer la coquille des huîtres afin de
se nourrir de la bête. Par une erreur fort concevable — si même on
peut l'appeler une erreur — il regarde la masse musculaire buccale
des gastéropodes comme une sorte de gésier comparable à celui des
oiseaux (*Des parties*, IV, 5). Mais une illusion singulière lui fait
admettre comme plusieurs de ses devanciers, que les Testacés turbinés, les Coquilles (κοχλία), comme on les appelle déjà, s'accroissent
à la façon des plantes par leur extrémité pointue (*Gen.* IV, 120); en
d'autres termes, que l'orifice de la coquille ne se déplace pas et
s'élargit simplement, comme la base du tronc d'un arbre. Il est
inutile d'insister sur cette erreur : chacun sait aujourd'hui que
le sommet de la spire est au contraire le point fixe dans le développement de la coquille turbinée et que s'il s'élève en effet, ce
n'est pas que la coquille croisse à la manière des plantes mais seulement par suite de d'allongement de la spire à sa base. Dès lors la
pointe de la coquille devient pour Aristote l'extrémité de l'animal,
et de là cette autre conséquence : c'est par la tête que le Colima-
çon, la Pourpre, le Turbo, le Buccin s'attachent et rampent sur le
sol. Et en cela ils ressemblent aux plantes : les racines, qui absor-
bent la nourriture, sont véritablement des bouches et représentent
en conséquence la tête du végétal (*Des parties*, IV, 10) tandis qu'il
se reproduit par l'extrémité opposée, par son sommet aérien, de
même que l'homme et les animaux se reproduisent par la partie
inférieure de leur corps opposée à la bouche (*Jeunesse*, I, 15; *Longévité*, VI, 7). Ce parallèle entre les Testacés turbinés et les Plantes
est souvent repris dans la collection aristotélique. Les plantes sont
à la terre ce que les coquilles sont à la mer. On trouve aussi peu
de coquilles terrestres, qu'il existe peu de plantes marines; et elles
sont presqu'aussi rares dans les eaux douces. Elles sont humides
— ceci doit être entendu du corps, non du test de l'animal — et
tiennent de la nature de l'Eau; de même les végétaux sont secs (le
bois) et tiennent de la nature de la Terre (*Gen.*, III, 10 et suiv).

Parmi les Testacés à deux valves Aristote signale le Solen qui se
distingue des autres, en ce qu'il ne peut ouvrir sa coquille, où son
corps est enfermé comme dans une sorte d'étui. Ce détail est exact
(*Des parties*, IV, 17).

Les Oursins étaient alors, de même qu'aujourd'hui l'objet d'une
grande consommation. Notre philosophe décrit très bien l'appareil
compliqué qui arme leur bouche et qui a d'ailleurs conservé en

histoire naturelle le nom de « Lanterne d'Aristote » (*Des parties*, IV, 5). Il décrit avec non moins d'exactitude les autres organes intérieurs [1], mais il croit que ces animaux marchent en s'aidant seulement de leurs piquants, erreur bien excusable dans un temps où, comme nous l'avons dit, on n'avait pas d'aquariums qui permissent d'observer à l'aise les pieds ambulacraines transparents et filiformes de ces singuliers êtres. — Les Étoiles de mer étaient déjà connues pour les ravages qu'elles causent dans les huîtrières.

Les Thétyes, c'est-à-dire nos Ascidies, Salpes, Biphores, tous nos Tuniciers en un mot, sont pour Aristote des animaux assez peu différents des plantes (*Des parties*, IV, 5). — Les Éponges s'en rapprochent encore davantage, ne vivant qu'attachées au sol comme les végétaux, et mourant dès qu'on les arrache. — Enfin sous la désignation d'Acalèphes ou Orties de mer, Aristote rapproche, comme le font nos plus récentes classifications, les Méduses et les Actinies. Les Acalèphes représentent, de même que les groupes précédents, une catégorie d'êtres dont la place ambiguë est aussi entre les animaux et les plantes, vers lesquelles nous sommes ramenés encore une fois de plus.

Les Testacés se multiplient au reste comme les végétaux par une foule de procédés : graines, bourgeons, stolons. C'est ainsi qu'on voit de petites Moules pousser sur de plus grandes (*Gen.*, III, 109), erreur assez grossière due aux grappes que forment les Moules en s'attachant les unes aux autres par leur byssus. On a vu [2] que certains physiologues avant Aristote savaient déjà qu'au printemps ce sont des œufs qui gonflent la Moule et la rendent plus savoureuse, tandis que notre philosophe n'y reconnaît que l'effet d'une nourriture plus abondante dont s'engraisse l'animal à cette époque de l'année (*Gen.* III, 123). De même chez les Testacés turbinés, dont cependant Aristote décrit l'accouplement (*Gen.*, 113), ce que d'autres prenaient pour une expansion des produits génitaux, n'est à ses yeux qu'une sorte de graisse due aussi à une meilleure nourriture au retour du beau temps.

Cependant on connaissait les amas de coques ovigères dans lesquelles certains Gastéropodes marins enveloppent leurs œufs presque microscopiques. On les comparait même à des gâteaux de cire, dont ils ont un peu la couleur, la consistance et même la structure, malgré

---

1. *Hist. des anim.*, IV, v. Il est également question des Oursins au traité *Des parties* (IV, v), où quelque confusion semble avoir été faite entre les ovaires et le tube digestif, qui sont au contraire décrits en toute exactitude dans l'*Histoire des animaux*.
2. Ci-dessus, p. 6.

leurs alvéoles irréguliers. Aristote déclare que ces gâteaux sont bien l'œuvre des Buccins, des Pourpres qui excrètent un liquide visqueux accompagné d'une sorte de liquide séminal, dont ils confectionnent ce produit. Le gâteau en question donnera une abondance de Buccins et de l'ourpres; notre philosophe sait tout cela. Mais il se borne à trouver tout naturel que les susdits animaux produisent eux-mêmes le gâteau d'où ils proviennent; ils n'en naissent pas moins spontanément dans ce gâteau (*Gen.*, III, 111).

Tel est en effet l'ordinaire pour les Testacés; ils viennent d'une génération spontanée, comme beaucoup d'Insectes et la plupart des plantes (*Gen.*, III, 114 et suiv.) On ne saurait faire un grief aux savants de la 100e Olympiade d'avoir cru à l'hétérogénie, qui a trouvé des défenseurs jusque dans notre siècle. Aristote, avons nous dit plus haut, rapproche volontiers la chaleur animale et la chaleur solaire. Or ce que la chaleur du corps prend à l'aliment, la chaleur du printemps l'extrait de la mer ou de la terre, et le transforme en substance vivante; elle en fait un germe et lui communique la puissance de se développer : ce germe est toujours un scolex. Ainsi naissent tous les Exsangues qui ne viennent pas d'un autre animal semblable à eux, et un certain nombre de Poissons d'eau douce, particulièrement les Anguilles [1].

Quant à l'origine première de l'Homme et des autres Sanguins, la seule question qui se pose, est de savoir s'ils proviennet, à l'origine, d'une sorte de scolex, ou d'un œuf parfait c'est-à-dire dans lequel une portion seulement devient le germe en se nourrissant aux dépens du reste. Ce sont là pour notre philosophe les deux seules hypothèses possibles; rien en dehors d'elles. Mais d'autre part il considère cette production primitive d'un œuf (parfait) comme peu vraisemblable, puisque nous ne la voyons jamais se réaliser sous nos yeux, ni aucun animal naître de la sorte. Tandis que le second mode, celui qui fait dériver l'être d'un scolex, se montre très répandu dans la nature, commun chez les Insectes, presque général chez les Testacés. C'est donc à cette hypothèse d'un scolex originel qu'il faut plutôt s'arrêter pour expliquer l'origine de l'Homme ou de toute autre espèce animale supérieure.

En tous cas comment douter que les Testacés naissent spontanément, quand on les voit apparaître par multitudes dans les endroits d'où les eaux se retirent et où l'on n'en connaissait pas jusque là. D'ailleurs certains faits prouvent de la façon la plus péremptoire qu'il en est bien ainsi, comme cette tentative ostréicole — tant il

---

1. Voy. ci-dessus, p. 123, n. 1.

est vrai que rien n'est nouveau — des habitants de Chio, qui avaient transporté de Pyrrha à Lesbos des huîtres et les avaient jetées à la mer dans des localités toutes semblables. Au bout de quelque temps on vit bien qu'elles avaient grossi mais elles ne s'étaient pas multipliées (*Gen.*, III, 122). Qu'objecter à une expérience aussi directe? N'est-ce pas la preuve irréfutable que les huîtres ne se propagent pas elles-mêmes et qu'elles naissent spontanément dans des conditions favorables existant à Pyrrha et qui ne se retrouvaient pas à Lesbos? Nous expliquons autrement le fait et nous dirions aujourd'hui que ces huîtres se sont reproduites mais que leur naissain n'a pas trouvé, où on les avait mises, les conditions favorables à sa fixation et à son développement. Nous sommes plus instruits et notre raisonnement est probablement le vrai, tout au moins il serre de plus près la vérité : celui d'Aristote, dans les données de son temps et quand on ignorait tout de la reproduction des mollusques, n'était pas moins juste.

Ainsi qu'on a pu le voir au cours de cette longue étude la Biologie est complètement traitée dans la collection aristotélique, sous ses faces diverses. Dans le prodigieux désordre où cette collection est parvenue jusqu'à nous elle laisse pourtant discerner les grandes lignes d'un système admirablement coordonné. Les êtres vivants se distinguent des corps bruts par des propriétés spéciales qui sont les « psychés ». Ils sont constitués des mêmes éléments, mais transformés par la nutrition. La nutrition, dont Aristote ne connaît que la moitié (l'assimilation), est le phénomène essentiel de la vie, il caractérise la vie, la définit en quelque sorte. Sous ce rapport la science moderne est d'accord avec le Stagirite : pour lui la nutrition est la base et le point de départ de toutes les manifestations normales et anormales de la vie. On peut dire de son système biologique, qu'il est essentiellement « trophique ». Des plantes à l'homme les êtres vivants présentent des degrés de perfectionnement graduels. La nutrition se double d'abord de la sensibilité, puis de l'intelligence. Rien ne distingue l'homme spécifiquement. Nous ne pouvons que très mal juger du mérite d'Aristote comme physiologiste, nous manquons des données nécessaires pour le comparer à ses nombreux devanciers; mais il paraît s'appliquer beaucoup plus qu'ils ne l'avaient fait à l'étude des animaux. Il croit à une sorte d'unité de composition ou plutôt d'unité fonctionnelle, en vertu de laquelle certains organes indispensables doivent se retrouver chez tous, ou y être au moins représentés par des équivalents. Enfin il distribue les animaux en groupes naturels, il saisit les analogies qui les rapprochent, il met au

premier rang les caractères auxquels nous donnons encore aujour-
d'hui le plus d'importance. Aucune branche de la biologie même
appliquée ne lui échappe et, s'il fait peu d'allusions à la médecine,
la zootechnie a sa place.

Le cycle, comme on voit, est complet. L'œuvre est grandiose. Qu'on
l'attribue ou non à un seul homme, le mérite du moins en revient
tout entier au maître qui sut concevoir un pareil édifice. Et si de
moins habiles y travaillèrent après lui, s'ils ont pu nuire à la
netteté des lignes, émousser les angles, comme le temps qui ronge
les détails d'une architecture et la couvre de végétations parasites,
ils n'ont pas masqué tout à fait les grands traits du monument dont
le majestueux profil se détache en pleine lumière à l'orient des
sciences de la vie.

Comment se fait-il qu'après un tel épanouissement la biologie
semble frappée d'arrêt? Après Aristote deux de ses disciples, Théophraste et Aristoxène écriront encore sur les sciences naturelles,
mais ce sera le dernier écho de l'enseignement du Stagirite. Même,
ses livres seront comme perdus, ils disparaîtront du monde philosophique partagé entre Epicure et Zénon. Comment ce Grec d'un si
immense savoir, dont le nom emplira le moyen âge et retentira dans
les universités maures et jusqu'à la cour des sultans marocains [1];
comment ce prodigieux génie n'eut-il aucune influence sur le développement des sciences après lui? La perte totale de ses manuscrits,
de sa doctrine toute entière n'eut pas retardé d'un seul instant la
marche du savoir humain, n'eut privé le monde d'aucune de ces
données fondamentales sur lesquelles les siècles entassent leur travail, les uns après les autres. Si la collection aristotélique avait
péri — nous parlons des sciences naturelles — il faudrait regretter
un document des plus intéressants pour l'histoire de l'esprit humain
au temps d'Alexandre, mais la science d'aujourd'hui ne serait pas
moins riche, sauf peut être de quelques notions sur la faune méditer-
ranéenne d'il y a deux mille ans, que nous n'aurions pas autrement.
L'humanité aurait reconstitué sans peine le patrimoine des vérités
perdues avec les livres aristotéliques, la biologie moderne aurait
tout aussi bien trouvé ses voies : car elles ont été rouvertes en
dehors de la tradition d'Aristote, pour l'anatomie et la physiologie
comparées dès Galien, pour l'anatomie générale par Bordeu et
Bichat, pour la zoologie par Belon et les naturalistes du XVIe siècle.

Aristote peut exciter notre curiosité et notre admiration. Il n'est
pas de nos maîtres : la science moderne ne procède pas de lui. Bayle

---

1. Voy. le récit de la présentation d'Averroès à Abou-Yakoub-Youssef.

a fait d'un mot le procès du Péripatétisme « qui accoutume l'esprit à acquiescer sans évidence ». C'est qu'en effet cette philosophie n'est pas de celles qui enchaînent les vérités les unes aux autres en trame solide, de celles qui agrandissent peu à peu mais sûrement le domaine du vrai, peuvant s'égarer pour un temps mais retrouvant toujours le chemin droit. Aristote triomphera avec la scholastique, qui va faire presque un père de l'Eglise de cet Athénien condamné pour athéisme : ce n'est pas de lui que la Renaissance et l'esprit moderne recevront leur impulsion.

Le fils du médecin de Stagira a pu être un dialecticien incomparable, un encyclopédiste étonnant, même un observateur profond des choses de la nature, il possède le génie et l'intuition qui fait les grands hommes de science : nous accordons tout cela. Mais au temps de la 100e olympiade la science, la vraie science, armée de ses sûres méthodes pour la conquête du monde, est ailleurs : elle est dans une école rivale, dont les doctrines malheureusement ne sont arrivées à nous que par lambeaux, par les citations de ceux qui les ont combattues, ou par l'écho d'un poëte latin. Nous voulons parler de la philosophie de Leucippe, de Démocrite et d'Epicure. Aristote enseigne juste après Démocrite et avant Épicure.

Le Lycée est *finaliste*, tout dans la nature existe en vue d'un but déterminé, raisonnable; tout arrive en vertu d'un ordre que les Péripatéticiens n'appellent ni « providentiel », ni « divin », mais qui le deviendra au contact des idées sémitiques ou chrétiennes. Ils reprochent à Démocrite et à ses disciples d'être ce qu'on pourrait appeler *causalistes* ou *déterministes*, de n'attacher d'importance qu'à la recherche des conditions où s'accomplissent les phénomènes, au lieu de s'appliquer à en découvrir le but, à être *providents*, comme ils se croient eux-mêmes. Pour Démocrite en effet, tout arrive dans la nature non pas en vertu d'un ordre préconçu ou préexistant, mais par une nécessité (ἀνάγκη) dérivant des faits antécédents. Pour chaque moment de la durée ceux-ci déterminent le présent. C'est donc uniquement à la recherche des causes qu'il convient de s'attacher; la conquête de la vérité est à ce prix. La science positive moderne n'a pas d'autre méthode ni d'autre but, elle cherche les causes dans les effets, sans se préoccuper des fins. Sans doute les causes qu'invoque Démocrite en biologie sont parfois des plus grossières et nous font presque sourire. Mais un système n'a jamais valu par ce que croit en tirer celui qui l'invente : il vaut seulement par ce qu'en fera l'avenir, comme nos locomotives les plus perfectionnées étaient en embryon dans la première pompe à feu. De même toute la science que nous possédons aujourd'hui du monde physique

repose sur le fond légué par Leucippe à l'humanité avec sa théorie
des atomes, il y a plus de 2000 ans. Et si la constitution de
l'Univers, telle qu'il l'imaginait, c'est-à-dire formé d'atomes indé-
pendants, est aujourd'hui combattue par des partisans de la continuité de la matière, les alternances de plus et de moins qu'ils y
reconnaissent, répondent encore, en définitive, aux alternances de
vide et de plein des premiers atomistes grecs. Aristote n'a laissé rien
de tel. Selon toute apparence il s'en faut que Démocrite ait jamais
eu une connaissance du monde physique et du monde organique
aussi étendue que lui. Cependant la science moderne est avec
Démocrite contre Aristote. Elle n'a pas l'assurance que donne la
conviction d'apprécier à leur juste valeur les relations des choses,
ni la quiétude satisfaite d'avoir compris la Nature, de « repenser
en quelque sorte sa pensée », comme dira Schelling, et de savoir
le fond du fond. Elle vit dans un perpétuel tourment de connaître,
de remonter sans cesse aux causes, sans jamais espérer d'atteindre
ou même d'entrevoir la dernière. On prête à Démocrite ce mot :
« Je préfère à tout l'empire des Perses, la découverte d'une vraie
cause. » C'est qu'une vraie cause, une vérité scientifique nouvelle
est un patrimoine définitivement acquis et dont l'humanité touchera
les bénéfices jusqu'à la fin des siècles. Ainsi nous apparaît cette
théorie des atomes sur laquelle nous spéculons encore, sans même
voir comment on la pourrait remplacer. La philosophie péripatéticienne a passé, Leucippe, Démocrite, Epicure restent les véritables pères de la science moderne, de la science positive ; et leurs
grandes figures longtemps voilées sous les lourds préjugés, *gravi
sub relligione*, se dressent à nos yeux dans une incomparable
majesté, au seuil du savoir humain, à côté de Pythagore.

FIN

TABLE DES MATIÈRES

Coulommiers. — Imp. P. BRODARD et GALLOIS.